超簡単!

スマホでメルカリ

スタートから稼ぎまくる裏技まで

松本秀樹　著

第1章

メルカリって何

第2章

メルカリで商品を購入してみよう

第3章

さあ、販売してみよう

第4章 毎月5万円を安定して稼ぐために

第5章 より多く売るための裏技

はじめに

プルルル〜

「あなた！　家のお金がもう無くなって来たの、今すぐ帰って来てください。」

夜中の2時半、暗闇で私が電話に出た瞬間、泣きながら妻が言った言葉だ。

家から1時間以上離れたお店で仕入れをしていた私は、急いで車を走らせた。

着いた家は明るく、子供が起きていた。その隣には、泣き崩れた妻がいた。

「ただいま」「心配かけてごめんな」私の声を聞いた妻が顔を上げる。

その隣で当時1歳半のまだ言葉も全く喋れない子供が自分の顔を毟り取るような動作をしている。そして、その毟り取ったものを妻の口に食べさせようとしている。

私にはその意味が全くわからなかった。「これ、何しているの？」と妻に聞くと……

妻「アンパンマンの真似をしているの。アンパンマンは元気の無い人に自分の顔を食べさせて、元気にするでしょう。私が元気ないから、その真似をして、一生懸命励ましてくれているの。優しい子でしょう」。

その言葉を聞いて、私は何も言えなかった。ただただ、自分の情けなさと、家族を追い詰めている現状を悔やむしかできなかった。

その時に決心しました。「絶対に家族を幸せにする」ということを。

初めまして、松本秀樹です。この本を手に取ってくれてありがとう。おかげさまでこうして話す機会をもらえました。こころから感謝します。本当にありがとう。

冒頭の話は私の物販に出会う前の実話です。当時は職人をしていたので、ものを作ることは得意でした。しかしながら、ものを売るということは、人のお金を奪うような気がしてとても苦手でした。なかなか上手く商売が軌道にならなかった時に冒頭の事件が起こりました。

その結果、私は必ず稼ぐという大きな決心をしました。そこから私の人生は大きく変化しました。私自身も物販で月に1000万円以上、コンスタントに売り上げるようになりました。

そして、今では物販スクールの講師として、4年間以上指導しています。

これまでに2000人以上の生徒を物販で稼げるように指導し、そして、今も1000人以上の生徒を指導しています。勿論、常に最新のノウハウをお伝えするために私自身も現役のプレーヤーとして活動しています。

この本の中でお話しする内容は、有料のスクールでしか話さない内容をたくさん含んでいます。そして、過去の良かった話ではなくて、今現在でも恐ろしく破壊力のある内容です。特に今回は稼いで欲しいという思いで、稼ぐために特化した内容を詰め込みました。

過去の私のような人を一人でも多く減らしたい。それが私の願いです。

さらりと表面的な内容しか話さないものにはしたくなかったのです。読んで行動していただけ

れば、稼げる！　そんな内容にしました。

物販はビジネスの基本です。ここをしっかりと学んで頂いて、新しいビジネスにスケールアップをしていって欲しいと思います。まずはメルカリで今よりも月に5万円の収入が安定的に入るように行動してくださいね。メルカリは本当に売れやすい市場です。

特に不用品に関しては、今まで捨てるか？　リサイクルショップに叩き売りで引き取ってもらうのか？　このどちらかしかありませんでした。そこでメルカリの登場です。

メルカリによって、あなたの思った金額で売ることができるのです。本当に素晴らしいですよね。あなたも商品が高値で売れていく快感を是非体験してくださいね。「こんなモノ売れないかも」。そう思うものでも意外と高値で売れることもあります。まずは家にあるものをいろいろ出品してください。そこでメルカリに慣れて頂き、次第にさまざまな工夫をしていけばどんどん売り上げもアップし、楽しくてたまらなくなりますよ。

あなたの生活がこの本を通してより豊かになって笑顔が増えましたら、本当に嬉しく思います。

第1章

メルカリって何

メルカリアプリのインストールから始めるまでの設定を解説

1-01 メルカリとは

メルカリとはものを売買することができるフリマアプリです。一昔前までは、不用品を売るためには、『ヤフオク』しか、ネットで販売する方法はありませんでした。厳密には他にもありましたが、一般的に浸透することはありませんでした。

しかし、スマートフォンの普及により、多くの人がネットでものを買うということに抵抗がなくなり、外に出なくても家に商品が届くということが当たり前の時代になってきました。スマホは、写真を撮るという行為もより身近で簡単なものにしました。そのような時に登場したのがメルカリです。

自分の家にある不用品がお金に変わるということで、一気に人気を集め、シェアを拡大しました。

初めは若い世代を中心に広がりを見せてきたメルカリですが、最近はシニア層へのスマホの普及に伴い、多くの高齢の方も利用しています。

特にものを捨てることに抵抗がある人には、自分の大切にしてきたものが誰かの役に立つというのは、とても嬉しいことです。

家にある「こんなもの誰も買わないだろうな」というような壊れたものが、意外と高く売れたり、予想していなかったものが高値で売れたりして、とても嬉しい思いをした人も多く居ます。

ものをたくさん持つ時代から、選ばれたものだけを持つ時代に変化してきています。

昔は、ものを買う時には、売ることを考え買うことはありませんでしたが、今の時代はものを買う前に売れる値段を先にメルカリで調べておいて、自分が使ったら売ることを視野に入れて、商品を買う人たちも増えています。

さらにはシニアの人は、終活のために自分の持ちものを少しずつ整理していくのにも、メルカリはとても役立ちます。今まではまとめてリサイクルショップに持っていって、安く買い叩かれることも多かったのですが、メルカリのおかげで、古いものが思わぬ高値で売れたりして、シニアの喜びのひとつにもなっています。

今までの思い出の品を売って、できたお金で、新しい思い出を作るというのもとてもステキですね。若い世代の人の単価は意外と安く、シニアになればなるほど、取引金額が上がる傾向にあります。

そして、最近の副業ブームにより、メルカリを不用品販売だけでなく、お金を稼ぐ手段として利用する人も増えてきました。実際に副業として取り組んだことのあるランキングではフリマアプリでの売買がダントツで1位を獲得しています。個人でもスマホひとつで簡単に始められるというのが大きな魅力です。利用者が一気に増えて、ものがたくさん売れるということで、マスコミでもかなりの話題となりました。今ではメルカリを知らない人はいないと言って良いぐらいにまで成長しました。しかしその結果、いろいろな業者がメルカリの中に増えてしまい、一時期問題になりました。その後メルカリは、取引のクリーンさを追求するようになり、今の形に落ち着いています。メルカリでは商用利用は禁止されており、あくまで、個人対個人の取引ということだけは、忘れないようにしてください。

利用する年代層は若年層からシニア層までさまざまですが、男性より女性の利用者の方が多い傾向にあります。

メルカリを利用している人の層を理解するというのはとても大事です。相手に合った売り方をすることにより、より利益を倍増化することができます。

メルカリの場合は、匿名配送ができるということで、特に女性に支持されています。楽々メルカリ便など安価な配送方法もあることも、多くの人に支持されている理由です。

これを機会にメルカリを始めて、まずは家にある不用品をお金に変えて、売る喜びを実感していただきたいと思います。メルカリはとても簡単ですので、特にシニアの方で、何か新しいことを始めたいと思った場合には、是非ともメルカリでの販売をお勧めします。

ものを売るというのは年齢、性別、住んでいる場所、職業、すべて関係ありません。すべての人が平等にお金を得ることができるのです。

さあ、あなたもメルカリライフを始めてみましょう！

1-02

アプリのインストール

メルカリはスマートフォンでアプリをダウンロードすれば、登録自体も簡単にできますので、誰でも今すぐに始めることができます。

メルカリアプリをダウンロードして会員登録をしよう

メルカリを始めるには、アプリのダウンロードが必要です。もちろん、iPhone、Androidのどちらでも大丈夫です。お金もかからないので安心してください。操作も簡単ですし、一緒に学んでいきましょう。

●アプリをダウンロードする。

iPhoneの場合

① ホーム画面の「AppStore」のアイコンをタップします。
検索窓に「メルカリ」と入力。メルカリのアプリが表示されます。

② 右にある「入手」をタップします。

③「既存のＡｐｐｌｅＩＤを使用」をタップします。登録してあるＡｐｐｌｅＩＤ、パスワードを入力し、「OK」をタップします。

④ 一番下に表示された「インストール」をタップするとメルカリアプリのインストールが開始されます。

⑤ 右にあるボックスに「開く」と表示されればインストール完了です。

⑥ スマホのホーム画面上にメルカリのアイコンが現れます。これをタップしてメルカリを開きます。

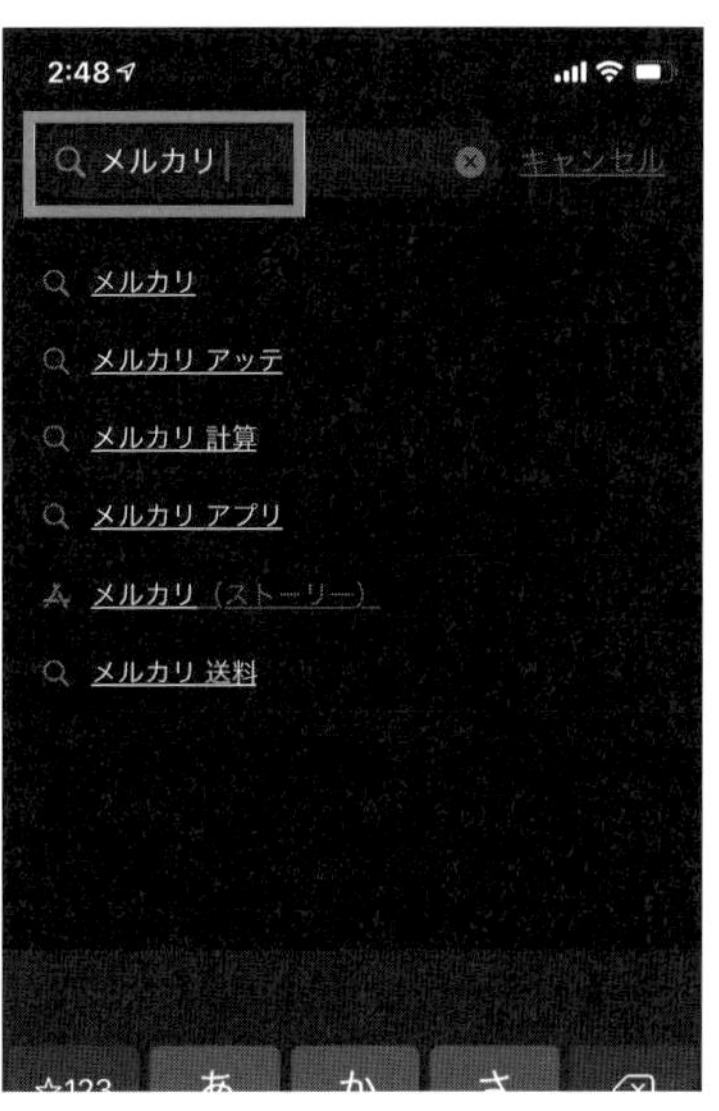

Androidの場合

① ホーム画面の「Playストア」をタップします。
検索窓に「メルカリ」と入力。メルカリのアプリが表示されます。

② 右にある「インストール」をタップすると、メルカリアプリのダウンロードが始まります。

③ 右にあるボックスに「開く」と表示されればインストール完了です。
スマホのホーム画面にメルカリのアイコンが現れます。これをタップしてメルカリを開きます。

注意！

検索窓が出てこないときは、虫眼鏡マークをタップすると検索窓が表示されます。
ダウンロードができないときは、スマホのOS（オペレーティング・システム）バージョンが古い場合があります。お使いのスマホのバージョンを確認してみてください。

●メルカリの利用環境（2020年7月現在）

iPhoneの場合iOS11・0以降の端末
Androidの場合Android5・0以降の端末

1-03 会員登録をする

さあ、続いて会員登録へと進みましょう。

①iPhone、Androidともにホーム画面のメルカリアイコンをタップします。初めて開いたときは、メルカリの紹介画面が続きます。下方の「次へ」をタップして先へと進みましょう。

②「Googleで登録」「Facebookで登録」「Appleで登録」「メールアドレスで登録」と出てきます。ここでは**メールアドレス**で登録しましょう。Facebookを活用していたり、Googleアカウントを持っていて、メルカリと連携させたりしたい方は、FacebookやGoogleで登録していただいてもよいと思います。

③会員登録画面に情報を入力していきます。

メールアドレス

よく使用するアドレスを入力します。取引の連絡やメルカリからのお知らせが届くため、すぐ確認できるアドレスがお勧めです。メールアドレスはアプリを入れた携帯のキャリアアドレスでも良いですし、無料登録だけで使えるＧｍａｉｌやＹａｈｏｏ！メールなどのフリーメールでも良いです。

パスワード

半角の英語か数字を入力していきます。**6文字以上**でほかの人に簡単に推測されないものがいいですね。

ニックネーム

ひらがなでもカタカナでも漢字でもOKです。ニックネームは**後で変更が可能です**。ただし、ニックネームに「メルカリ」は使えません。

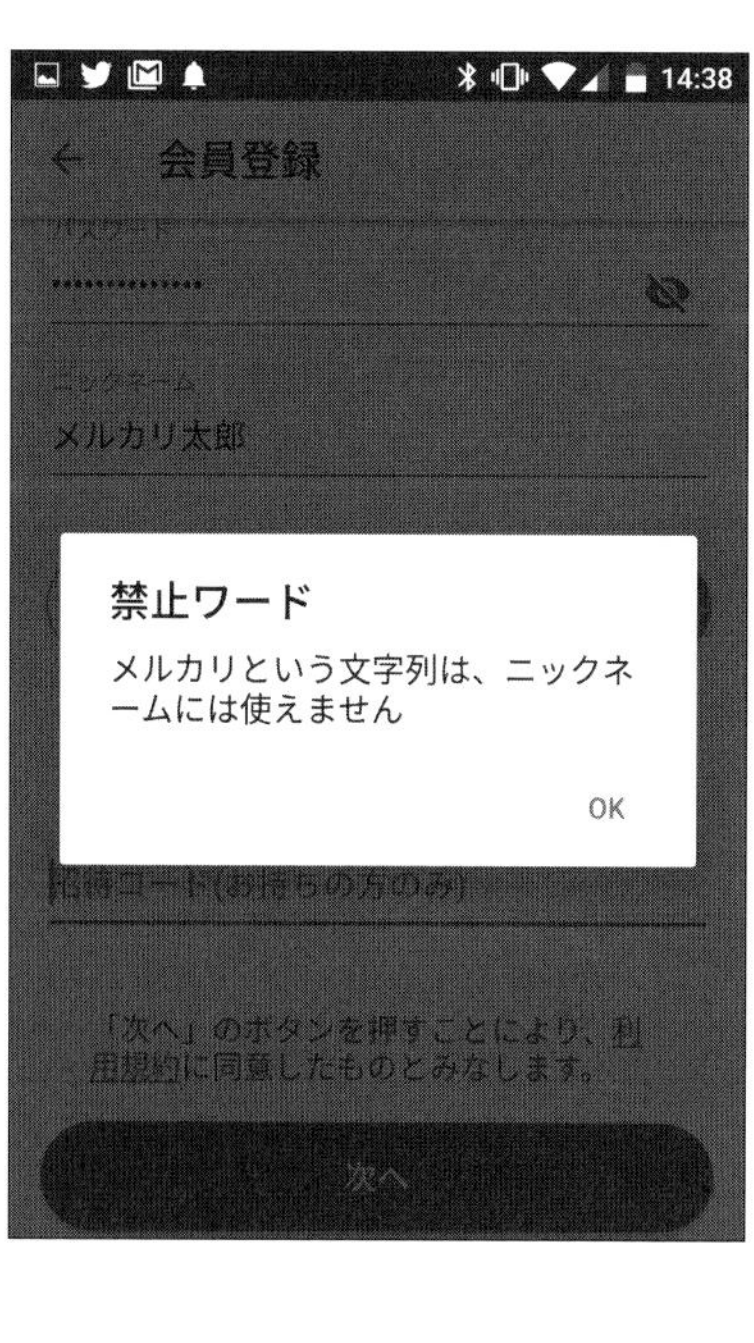

性別

任意で入力します。入力しなくてもOK！

招待コード

友人などから教えてもらった招待コードを入力するとポイントがもらえます。ない場合は空欄でOKです。

入力を終えたら、「次へ」をタップします。

④　本人確認を行います。

・本人情報登録画面で、名前、生年月日を入力したら、「次へ」をタップします。ここでは必ず本名を入力しましょう。

・電話番号の確認を行います。今使っている携帯電話の番号を入力します。携帯電話のショートメッセージサービスで認証を行うため、固定電話は登録できません。

携帯の電話番号を入力したら「次へ」をタップします。

すると確認画面が出てきますので、携帯電話番号が間違いなければ「送る」をタップします。

ショートメールサービスに４ケタの認証番号が届きます。

一度、メルカリのアプリを閉じて、ショートメールに届いた認証番号を確認してください。再びメルカリアプリを開いて認証番号を入力します。そして、「認証して完了」をタップします。

これで会員登録は完了です！

ワンポイントアドバイス

認証するときに「この番号はすでに会員登録済みです」と表示された場合、電話番号を再度確認してください。

それでも解決しないときは、【マイページ】中段の下の方にある【お問い合わせ】からメルカリ

事務局に問い合わせをしてみましょう。
　販売者とのトラブルになった場合や、取引をキャンセルする場合にもこの【お問い合わせ】から行います。何か困ったことになったら、悩まずにメルカリの運営事務局に相談してみましょう。

COLUMN

フリーメールアドレスの取得の方法

　メルカリをフリーメールで登録するメリットは、携帯会社の変更などでアドレスを変更したときでも、メールアドレスの登録を変更しなくても済むことです。
　フリーメールはいくつもの種類がありますが、取得のしやすさやセキュリティ、容量の大きさなどを考えて、GmailやYahoo!メールをお勧めします。GmailはGoogleのサイトから、Yahoo!メールはYahoo!のサイトから簡単に作ることができます。

COLUMN

機種変更した場合のアドレスの変更

　機種変更をして、電話番号やアドレスが変わった場合でも、ログインして引き続き同じデータを使用することができます。新機種にアプリをダウンロードしたら、機種変更前のメールアドレスとパスワードで再度ログインし、新しい電話番号など変更箇所を訂正します。

1-04 初期設定の方法

住所を登録する

マイページの中の「個人情報設定」をタップして開きます。
「発送元、お届け住所」を開き、「新しい住所を登録」をタップします。
名前や住所を入力していきます。

< 住所の登録

姓カナ（全角）	メルカリ
名カナ（全角）	タロウ
郵便番号（数字）	1234567
都道府県	北海道
市区町村	一郎
番地	二郎
建物名（任意）	メルカリビル101
電話番号	0120123456

登録する

プロフィールを設定する。

ここは本当に重要です。プロフィールの内容は売り上げの増減にも影響してきます。お店の入り口となるプロフィールはいわばお店の看板です。メルカリは見ず知らずの人同士が取引するため、プロフィールを参考に安心して取引ができる相手なのかを判断していきます。誠実さが伝わり、信頼してもらえるプロフィール作りを心がけましょう。

●ニックネーム

後からでも変更できます。名前だけでもOKですが、メルカリでは購入する客層として若年層の女性が多いです。ここは女性のお客様が多いということを意識して、なるべく女性に好かれるような名前にしましょう。

名前の後に、「@セール中」「週末限定値下げ」「お値下げOK」など付け足すと購入率アップにつながります。工夫して考えてみましょう。

●プロフィール画像

これは必ず登録しましょう。プロフィール画像は自分のお店の顔になります。自分で撮影したペットやものなどがお勧めです。ニックネームと連動させた画像だと相手に覚えてもらいやすくなるメリットもあります。ここも相手に安心感を与えるには非常に重要なので安心感を与えることを優先的に考えましょう。

●自己紹介文

ここが最重要ポイントです。挨拶と訪問のお礼は必ず記載します。あとは自分がどんな思いでこのストアを運営しているかなどのストーリーがあればなお良いですね。

取引相手に安心感を持ってもらい、好印象を持ってもらえる文章を心がけていきましょう。絵文字を適度に使用して親しみやすさを出したり、読みやすいように改行や間隔を空けたりするだけでぐっと印象が良くなります。

プロフィール作成のポイント

・訪問者への簡単な挨拶
・心がけていること誠実、丁寧な対応、気持ちの良いお取引など
・主に取り扱う商品例：子供服、レディースの洋服、ブランド品、雑貨類など
・コメント、発送のタイミングについて例：コメント返信は18時以降になります。土日の発送はお休みしております。など
・ペット、喫煙者の有無

こんなプロフィールはNG

取引相手に不安を感じさせてしまうような内容だと、せっかく良い商品を出していても、購入につながりません。

・1〜2行で終わってしまう。
・禁止事項の羅列や一方的なお願い例：ノークレームノーリターン、即購入禁止、お値下げ不可、即評価しない方はブロックします、など

トラブル回避の予防線の張りすぎに注意！

だれでもトラブルは回避したいもの。きつい印象を与える言い回しや、欲張ってあれもこれもとたくさん羅列してしまうと、敬遠されてしまうこともあります。決まりごとは適度な量を柔らかい言い回しで表現すると印象が変わります。

●プロフィールの良い例

初めまして(*^_^*)

ご覧いただきまして、ありがとうございます。

私のストアでは子供服などをメインで出品しています。

子供も大きくなったので、時間も取れて自由な時間ができてきました。子供の古着など思い出を振り返りながら出品しています。

平日は仕事をしているためにお返事は遅くになります。できる限り迅速にします。

発送に関しましては、土日の発送となりますことをご理解ください。

ペットも飼っていませんし、タバコも吸いません。商品は暗所にて保管をしています。商品の説明はできる限り詳細に記載させて頂きますが、素人での判断ですので、疑問などありましたら、ご遠慮なくコメント欄からお知らせください。

基本、【即購入大歓迎】です。コメントでの購入希望者がいらしても、実際にご購入頂いた人を優先とさせて頂きます。

1-05 メルカリでやってはいけないこと

メルカリで販売していくにあたって、やってはいけないルールが存在します。後々、トラブルの原因や運営事務局から是正指示を受けたり、最悪の場合にはアカウントが削除され、メルカリでの取引ができなくなりますので、しっかりと把握しておいてください。

●禁止事項1

ノークレーム・ノーリターン・ノーキャンセルの表現は【3N】と言ってメルカリでは禁止です。ヤフオクではよく見る記載ですが、メルカリでは通報されることもあるので気を付けてください。

●禁止事項2

禁止の商品を出品するとページを削除されたり、運営から是正指示が来ます。出してはいけないものをしっかりと把握して、出品してください。

（例）金券・クレジットカード・お金・花火・タバコ・チケット・マスク・除菌系・偽物のブランド・賞味期限の切れた食品・プリペイドカードなど

●**禁止事項3**

他の人の商品画像や文章などを勝手に転載するのも禁止です。写真には著作権があります。文章もすべてをコピーするのではなく、参考程度にして、リライトしてください。

●**禁止事項4**

郵便局の局留めで商品を送ることも禁止されています。理由は、受け取り人がわからなくなるトラブルが多発するため、メルカリでは禁止されています。

●**禁止事項5**

手元にない商品を販売することも禁止です。いわゆる無在庫での販売方法ですが、メルカリでは禁止されています。

●**禁止事項6**

中身の見えないものを販売することも禁止されています。具体例を挙げると福袋などがそれに相当します。一見大丈夫そうに思えるのですが、中身の見えないものの販売はメルカリでは禁止されています。

●**禁止事項7**

商品の出品者の親戚や身内で購入することも禁止されています。安易な家族間での評価獲得のための購入も控えましょう。

●**禁止事項8**

メルカリで用意された以外の決済方法を促すことは禁止されています。これは支払の事実確認ができず、詐欺などのトラブルへ繋がる可能性があるからです。具体的には、銀行口座への直接振り込み、メルペイ残高やポイントを送ったりもらったりすることができるサービス「おくる・もらう」による直接支払い、現金書留での決済、仮想通貨での決済、代金引換、現金手渡しでの決済、外部サイトや対面でのローン支払いなどです。

COLUMN

人生とは右肩下がって直角上がり

多くの人が人生とは正比例のように右肩上がりだと思って生きています。

ここではハッキリ言いますが、それは大きな間違いです。

私は全く違う考えです。

もしあなたが右肩上がりだと思って生きていると、上手くいかないと、凹んだり、落ち込んだりしなくちゃいけません。

ですが、右肩下がりだと思って生きていると、不幸が起こる度に　もうすぐ直角上がりが来ると思って、ワクワクします。同じ人生でも、考え方次第で大きく変わります。

雨の日をうっとおしく思い、憂鬱な気分で出かける人と、雨音を楽しみ、雨上がりの清々しさを楽しみに生きる人とでは違う人生が待っています。あなたはどちらの人生を歩んでいきたいですか？　【右肩下がって直角上がり】忘れないでくださいね。

第2章

メルカリで商品を購入してみよう

まずは欲しいものを探し、購入してメルカリを使ってみよう

2-01

ホーム画面の解説

メルカリの仕組みを理解するためにも、まずは自分で商品を購入してみて、取引の流れを覚えましょう。メルカリでは安くて良いものがたくさんありますので、見ているだけでも、嬉しくなってきますよね。ここでは操作ボタンについて説明していきます。

ホーム

ホームボタン
トップのホーム画面に戻ります。

お知らせボタン
運営からのキャンペーンのお知らせやポイントの有効期限、「いいね」やコメントが付いた時など、ここに連絡が届きます。

出品ボタン
商品を出品するときにここをタップして、始めます。

メルペイボタン
ポイントの確認時や売上金などの振り込み申請ができます。

マイページボタン
プロフィールなどの各設定や出品・購入した商品の確認ができます。

メルペイなどのQRコード決済を使用するときにタップします。
欲しい商品などのキーワードをここに入れて、検索します。
11:39
なにをお探しですか？
保存した検索条件
おすすめ
新着
カテゴリ
最短1分
P300もらえる
自分が「いいね」した商品がBookmarkのようにここに記載されています。
いいね！した商品
すべて見る
¥49,500
¥5,555
¥2,100
出品された順番に時系列に上から下に表示されます。出品されて時間が経てば経つほど下の方に表示されて人の目から遠くなります。
おすすめの商品
¥1,000
¥1,500
¥4,000
¥999
¥1,222
¥999
ホーム画面に戻ります。
ホーム
お知らせ
出品
メルペイ
マイページ
取引中の商品など、ここから相手とやりとりできます。
お得情報などが、お知らせとしてここに表示されます。
ここをクリックして、出品をスタートします。
メルペイの残高を確認できます。

2-02 欲しいものを探してみよう

メルカリで商品を検索する方法は3種類あります。

①キーワードから検索する

上部の検索窓に欲しい商品のキーワードを入力して検索します。欲しい商品が明確にわかっている時などに有効です。一番よく使う方法です。

②カテゴリーから検索する

欲しいもののジャンルが決まっているけど、直接の商品名やブランド名が分からないときなどは、こちらを使います。バックなどのカテゴリーだけでなく、ブランド名からも検索することで、思わぬ商品に出会うこともできます。

③写真から検索する

ｉＰｈｏｎｅ、ｉＰａｄでしかできない機能になります。

画面上部右にあるカメラアイコンをタップして写真を撮ります。その写真をもとに類似品を検

索します。雑誌などに掲載されたものを撮影して検索することができます。

15:29　9月1日(火)　88%

キーワードからさがす

写真からさがす

カテゴリーからさがす

ブランドからさがす

保存した検索条件

保存した検索条件はまだありません

検索履歴

検索履歴はありません

検索のヘルプ

2-03 買いたい商品をしっかりチェック

「あっ！　これ良いな」と衝動買いをしてしまう前にいくつかのポイントをしっかりと確認しましょう。

①写真を確認する

写真をしっかり確認して、自分の欲しい商品に間違いがないのか？　偽物ではないのかなど、しっかりと確認してください。商品の写真は最大で10枚まで登録されていますし、写真をタップして、指で広げピンチアウトすれば、拡大して気になる部分も見ることができます。

②出品者の評価やプロフィールをチェックする

いくら良い商品であっても、不誠実な出品者で過去に何度も揉めている人や評価の悪い人などは避けましょう。プロフィールはきっちりと細部まで確認してください。

③同じ商品がもっと安い価格で出回っていないかチェックする

この商品が売れてしまったらと思うと、他の商品を探さずに購入したくなりますが、そこはちょっと待ってください。勿論、売れてしまうこともありますが、また似たようなものも出てきますので、焦らずじっくりと探しましょう。キーワード検索などで出てきた結果から、右上の【絞り込み】をタップして一番下の販売状況を【売り切れ】にすることにより、過去に売れている相場が分かります。それを見ることにより、今回の金額が高いのか？　それとも安いのかの判断ができます。

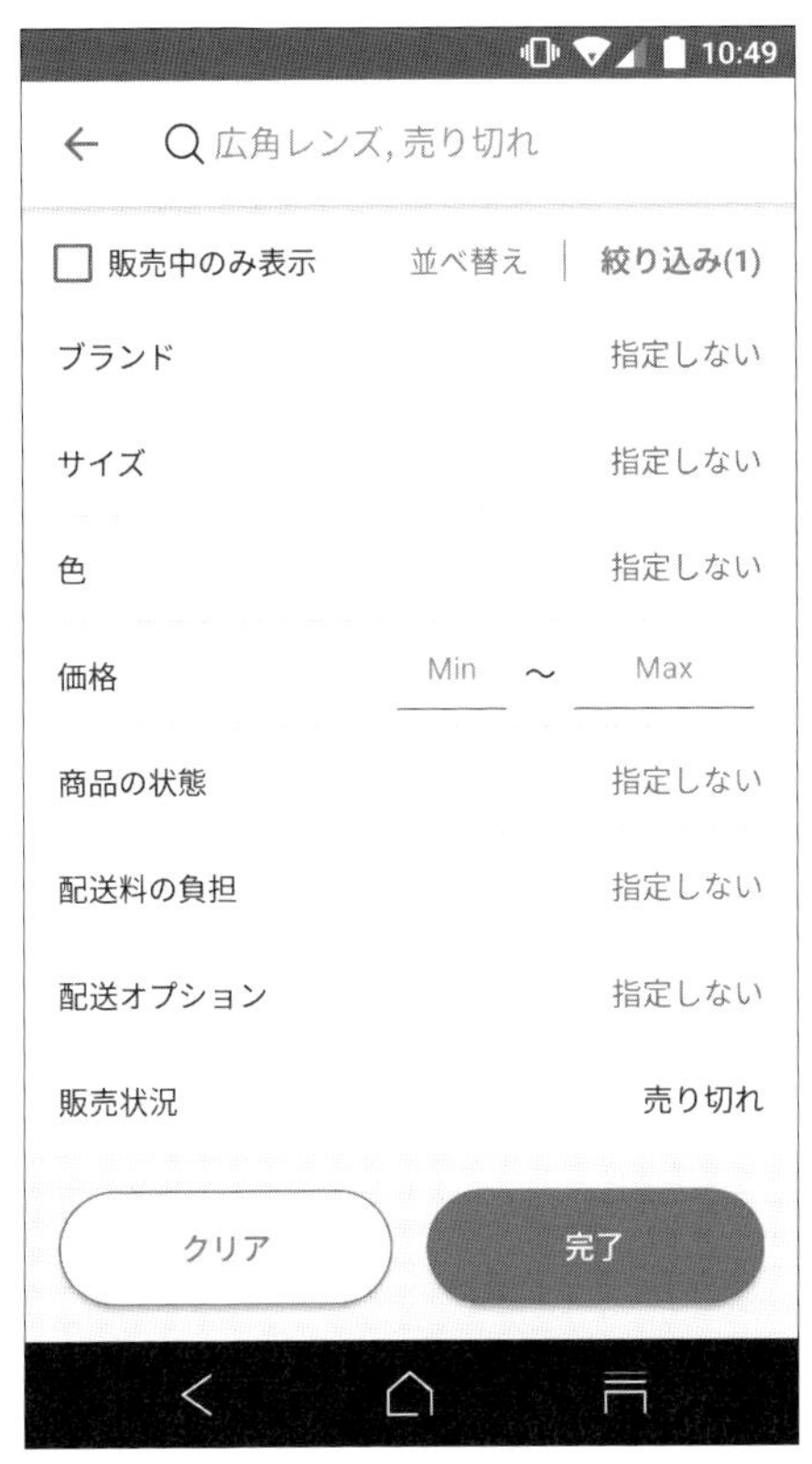

2-04 メルカリの売買で実際にあったトラブル例

実例1　購入後になかなか商品が送られてこない

これは出品者が中国輸入の無在庫で商品を販売している場合などに多いです。購入するときには、プロフィールや商品説明をしっかり読んで納期の確認をしましょう。

実例2　手元に偽物が届いた。

これも実際にはよくあるパターンです。商品のタグやシリアルナンバーなどしっかり確認しても最近の偽物は巧妙なので、見抜くのが困難です。そういう場合も過去の評価を参考にしましょう。特にハイブランド商品などを購入した場合、まず商品を受け取ったなら【受取評価】をせずにしっかりと本物であるか確認してください。そして、その商品が偽物だとわかったら【問い合わせ】から運営事務局に成り行きを伝えて、キャンセルの申請をしてください。くれぐれも商品の確認前に受取評価をしてしまわないようにしましょう。

実例3　送った商品が動かない

特に電子機器に多いトラブルです。輸送中の故障やそもそも壊れていた場合など、しっかりと

動作チェックは行ってください。後はお客様の商品と互換性がない場合もトラブルになりやすいです。しっかりと商品説明欄で商品の説明をしてください。相手には質問を促して、互いにすっきりとして取引を心がけていきましょう。

実例4 悪い評価を付けられた

これは、こちらが誠実にやり取りしていても、中には解釈の違いからトラブルとなり、こちらが【良い】評価を付けていても相手から【悪い】評価を付けられることがあります。

フリマアプリは、価値観の違う人同士のやり取りなので、いろいろなトラブルは起こりやすいですが、経験上メルカリの場合は多い気がします。やり取りしている段階で「この人、神経質そうだな」と思ったら、取引をしないというのも選択肢のひとつです。万が一、悪い評価を付けられた場合でも、あまり気にしないようにしましょう。

COLUMN

すべてはマイナスから始まる

多くの人が借金などをマイナスに考えます。もちろん、浪費して借金を作ることは良くないことです。ですが、借金自体は悪いことではなく、むしろ全ての始まりなのです。

借金を極度に嫌う人は成功の速度が物凄く遅いです。その結果、ここぞというときにチャンスを逃します。1億円の借金ができる人は、1億円を稼ぐ能力が認められたから、借金ができたわけです。無駄遣いでの借金は意味のないものですが、自己投資への借金は可能な限り、するべきです。それは、リターンが一番大きいからです。

プラスの文字を思い出してください。まずは横に一本引いてその後に、縦棒を引きますよね。

実は【プラスもマイナスからしか始まらない】のです。

まずはマイナスになって、そこから真っ直ぐに筋を通した者だけが、プラスになるのです。

あなたがプラスの人生を歩みたいのなら、初めのマイナスを恐れずに信じて信じ抜いて諦めずにプラスにしてください。

第3章

さあ、販売してみよう

家にある不要品をメルカリに出品してみよう

3-01 出品する前の基礎知識編

さあ、販売です。と言っても何も難しいことはありません。家にあるものをスマホで写真を撮って、説明文章を付け加えるだけの簡単操作です。自分でお金を生み出す喜びを是非、味わってください。

1 発送には送料がかかる

意外と意識していない人が多いのが商品の送料です。メルカリの独自文化として、【送料込み】で販売する方がよく売れます。失敗しないために**商品の送料を考えたうえでの価格設定が重要**になってきます。商品の大きさによって送料は変わってきます。当然、かさばるものは送料が高くなりますので、出品する前に商品の送料を把握しておきましょう。苦労して出品した商品が売れたと喜んでいても、送料払ったら赤字だったということも実際によくある話です。しっかりと確認しましょう。

折りたたんでかさばらないので送料が安い

大きくかさばるので、送料が高い

2 メルカリは値下げの文化

オークションは値段がせりあがっていくのに対して、メルカリは今の値段から値段交渉をして、安く買うということが当たり前みたいな感覚があります。これはメルカリがフリーマーケットの電子版というのがスタートだったので、こういう文化が根づいています。

中にはいきなり半額の値段を提示してくる猛者もいますが、そこは「できません」とハッキリ断ってください。値下げを要求される前提で、初めから少し高値で販売しておくことも必要です。

値下げ交渉はコメントから「○○円で購入したいです。」など購入希望者から書き込みがあります。売りたい気持ちでつい「～～円なら大丈夫です」と返信した場合、記録が残ります。同じ商品を何度も販売する場合も購入者は過去の販売履歴を見ていますので、そこらへんもしっかりと意識して、販売するようにしましょう。

値下げするときも、期間限定などの理由を付けておけば、次回の取引で同じ値段に合わせなくてもよくなります。

特にメルカリは、若年層の利用頻度も高いので、いきなり無茶な事を言ってくる場合も多いですが、商品説明欄に「お値下げは原則承っておりません。」などと、記載することにより、回避することも可能です。もしくは、多少のお値下げはOKの場合には「常識の範囲内でのお値下げは可能です。」と書いておけば、そんなに無茶なお願いは来なくなります。

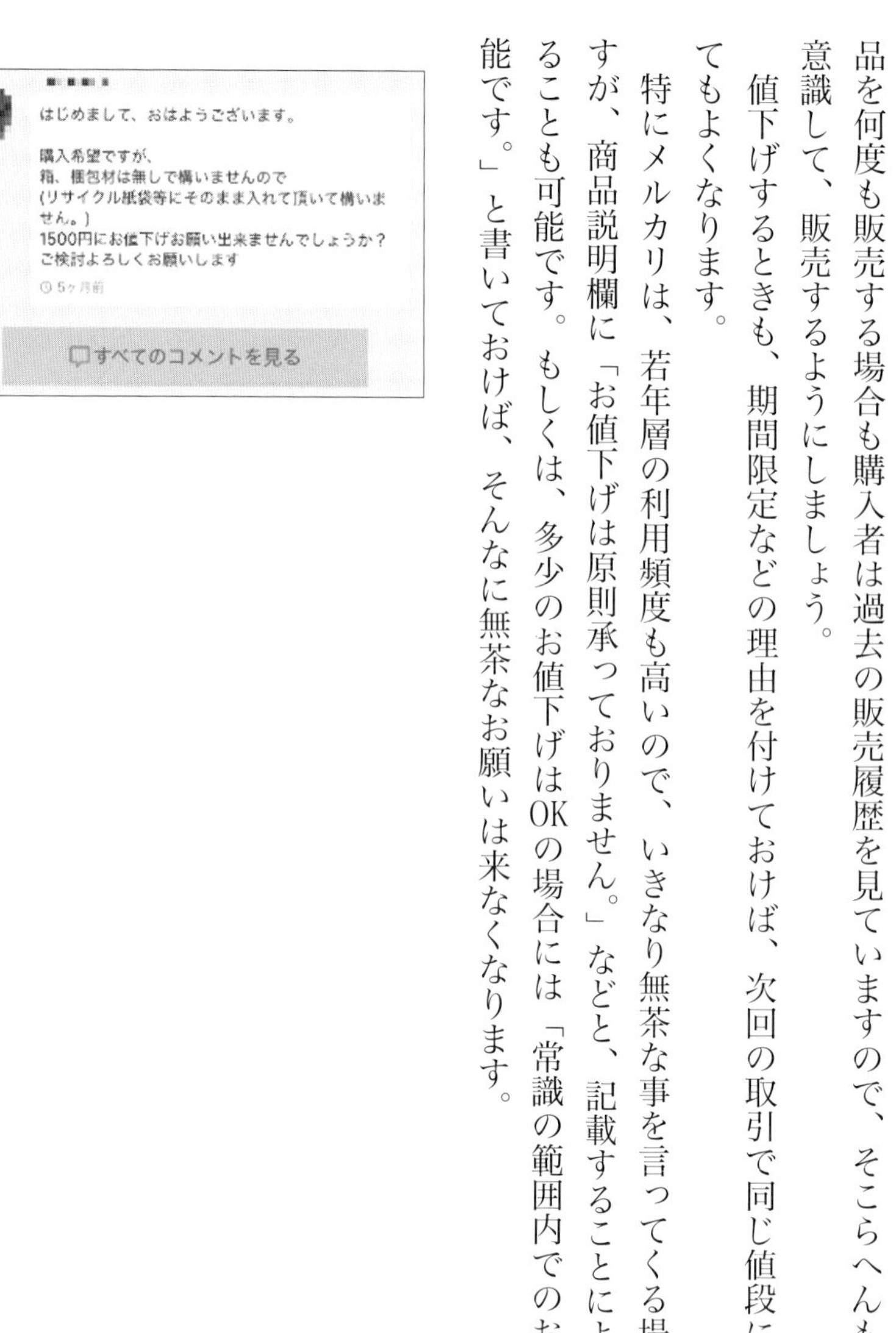

3 専用出品

これはメルカリにしかない文化です。購買希望者から「購入したいので、専用にしてください」と依頼を受けることがあります。

専用出品は、購入意思が強く、他の人に買われたくない時に言われます。やり方としては、トップの商品画像をモザイクやぼかしなどで商品が何か分からない画像に変えて、文字で「〜〜様専用」と画像に入れ、商品タイトルも同様に変更します。

そして変更したことを相手に伝えれば完了です。中には専用にしたにもかかわらず、購入しない人もいますので、面倒なら、断っても大丈夫です。

値引き交渉成立後に専用出品にせず、価格だけ変更していると、他の人がいきなり購入する場合もあります。それを防ぐための専用出品なのですが、**メルカリで定められている正規のルールではありません**。独自のローカルルールです。

メルカリの場合、売掛金（自分の商品が売れて入金される金額）を使って、商品を買う人もいますので、そういう人が取り置きを依頼してきて、専用にして欲しいと言ってくることも多いです。そして入金があって自分が払えるようになったら支払うという感じですね。売上金をプールするということが今までなかったので、こういう文化ができました。

専用です。

様専用
様専用
様専用
いいね! 1
コメント 25
商品の説明
様専用ページ
他の方のご購入はご遠慮ください。

3-02 出品から販売までの流れ

ここからは、出品して取引が終了するまでの具体的な流れをお話していきます。

ここでは簡潔に流れだけをお話していますので具体的なやり方はまたその後の各章を見てください。

出品の流れ

①写真を撮る

メルカリに掲載する写真のでき栄えは売り上げに大きな影響を与えます。商品が魅力的に見える撮り方がありますので、しっかりとマスターしましょう。

⬅

②写真を加工する

写真の大幅な加工は商品が違うものになってしまうので、避けなければいけませんが、全体を明るくしてみたり、文字を入れてみたりすることは大丈夫です。スマートフォンのカメラで簡単に撮影できますが、筆者のお勧めアプリは【ＬＩＮＥＣａｍｅｒａ】（ラインカメラ）です。画像の編集・加工と、文字入れなどが簡単にできます。

③商品説明文を書く

商品自体の特徴や状態、傷んでいる個所などあれば明確に記載してください。事前に商品をしっかりとチェックすることも忘れないでください。ここをしっかり書くことで、相手とのトラブルを未然に回避することができます。

④発送方法を選ぶ

メルカリではさまざまな発送方法があります。名前を相手に明かさずに匿名で送る方法や各種コンビニや郵便局から送る方法もあります。

⑤価格を決める

価格は結構悩みますが、初めは相場より10%以上高く付けることをお勧めします。価格交渉が来ても、赤字にならないように事前に送料も把握しておきましょう。

⑥お客様の対応

出品すると、質問が来たり、価格交渉が来たりします。基本的に早く対応することで、信頼も得られやすいので、迅速丁寧に対応することを心がけましょう。

⑦梱包する

梱包方法によって、送料が変わってきます。できるだけ丁寧に素早く、壊れたりしないように心がけてください。

⬇

⑧取引完了

最後のお仕事として気持ちよく取引できたお礼に、相手の評価をしましょう。

3-03 プロから学ぶ売れる写真の撮り方

写真は本当に重要です。ネットでものを売る場合、手に取って品定めをすることができないので、写真の見栄えが、売れ行きに大きく影響します。スマートフォンで誰でも簡単に撮影できます。

お勧めのカメラアプリ

メルカリの場合、下の「出品ボタン」をタップすれば、カメラが起動して撮影できます。

しかし、この方法だとアルバムに保存されません。商品は一度の出品で売れないこともあり、再出品の可能性もあります。その時にアルバムに写真が無いともう一度撮り直さなければならなくなり、面倒です。そこで、お勧めなのが、ＬＩＮＥＣａｍｅｒａを使うことです。

お勧めする理由はいくつあります。具体的には……

① 文字を入れることが簡単にできる
② コラージュ機能を使って複数枚の写真を1枚にまとめることができる。
③ メルカリの写真は正方形が良いので簡単に正方形の画像を作れる。

④　撮影した写真の明るさなどの調整も簡単にできる。

アプリでLINECameraをダウンロードして、アイコンをタップすると、左のような画面になりますので、【コラージュ】をタップ。

LINECamera

そして、次の画面で、左下の3対4をタップして、1対1に変えてください。

メルカリの写真の大きさは縦1対横1が基本ですので、1対1の大きさの写真をトップページにアップします。それ以外に1枚の写真に複数の写真を合わせて表示する場合はコラージュから合わせた枚数を選択して作成してください。

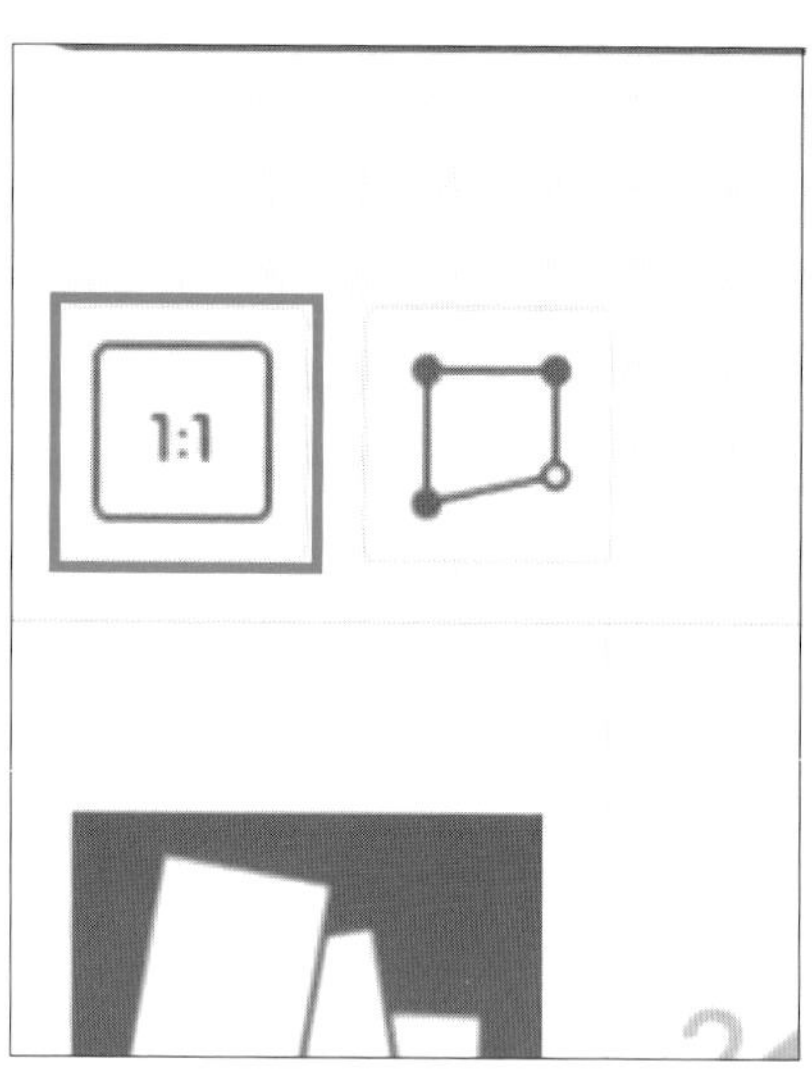

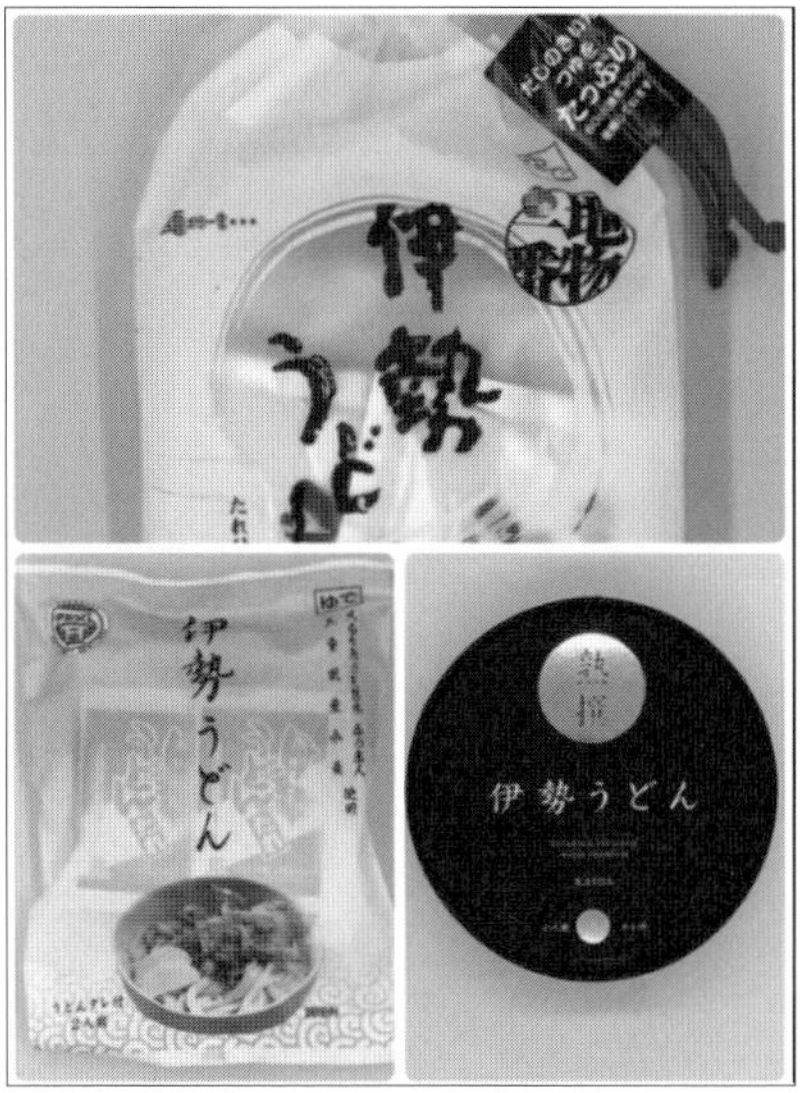

撮影場所を考える

商品の写真に生活感を出さないために撮影場所を考えるというのは大事です。

洋服などの場合は基本、床に置いて撮影するよりも、白い壁を背景にハンガーにかけて写真を撮るほうが綺麗に見えます。白い壁がない場合には、小さなものはコピー用紙でも代用ができます。大きなものは、白い布があれば、何とかなります。

一番やってはいけないことは、ベッドの上で商品の写真を撮る（衛生的に清潔には見えません）とか、畳の上で写真を撮る（生活感が出て、安っぽくなってしまいます）とか、洋服を床で撮影するとか（足で踏むところは綺麗ではないというイメージ）です。

1枚に複数の写真を合わせた例

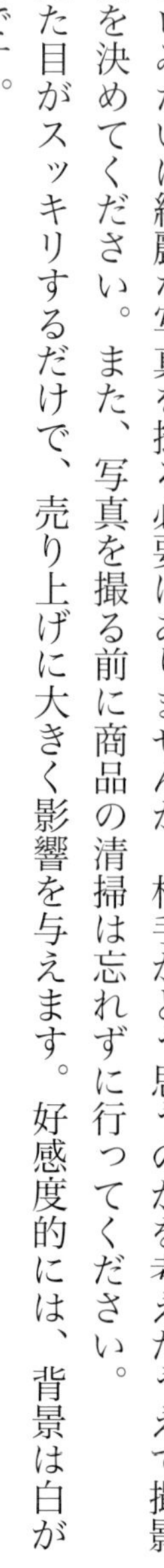

プロみたいに綺麗な写真を撮る必要はありませんが、相手がどう思うのかを考えたうえで撮影場所を決めてください。また、写真を撮る前に商品の清掃は忘れずに行ってください。見た目がスッキリするだけで、売り上げに大きく影響を与えます。好感度的には、背景は白が一番です。

背景色が暗いと、商品のイメージが暗くなってしまいます。どれが買いたいと思うのか見比べてみてください。めんどうだからと言って、ここを適当にすると損をしてしまいます。

床の上は清潔感に欠ける

畳の上は生活感が出過ぎる

撮り方のコツ

①自然光で撮影する

明るさは何よりも重要なので、できたら自然光が良いです。蛍光灯ですと写真を撮るときに不自然な影が出やすく、また、色合いも変わって見えますので、自然光がお勧めです。

②傷や汚れはしっかりと載せる

傷や汚れは隠したいものです。ですが、相手からしたら、受け取った後に残念な気持ちになり

白い壁をバックにハンガーでかけるのがベスト

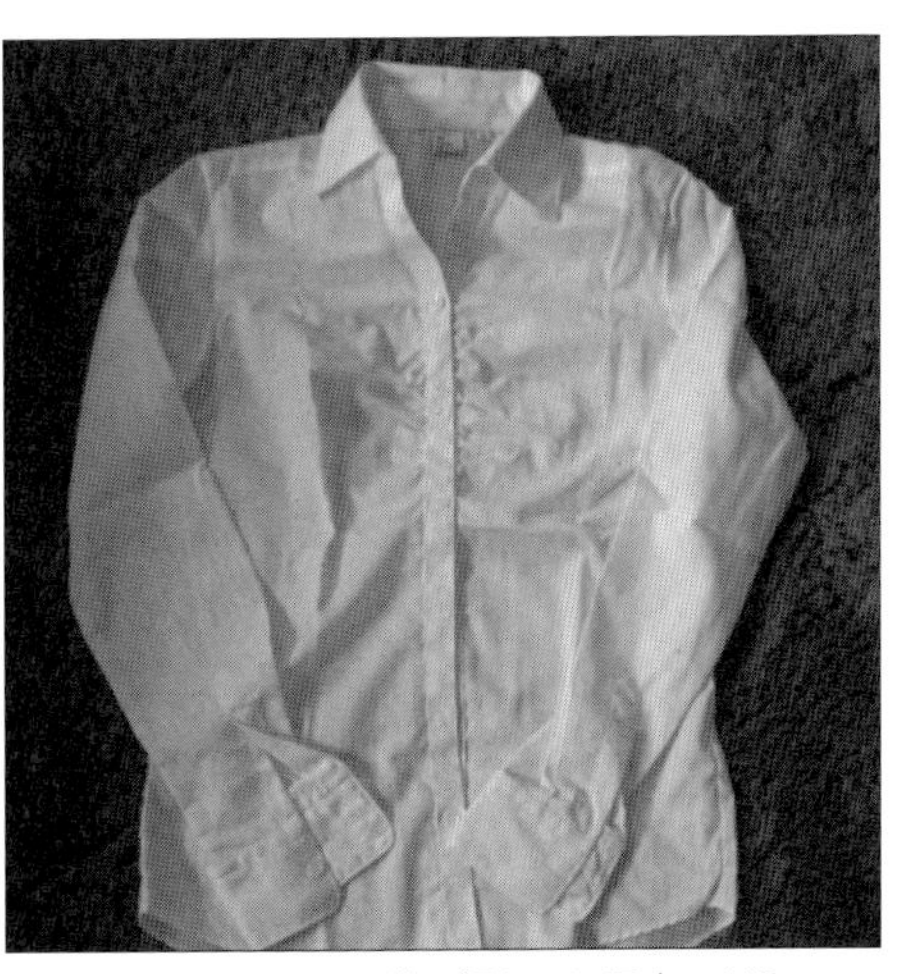

じゅうたんの上も足の踏み場という理由でNG

ますし、悪い評価も付きやすくなります。トラブルにならないためにも傷や汚れの写真は必ず載せて、説明文にもしっかりと記載し、お互いに気持ちの良い取引を心がけましょう。

こういう写真を載せればベター

●洋服類

①全体の写真　②生地や素材感の写真　③痛みや汚れの箇所　④品質表示タグ
⑤ブランドのロゴや、アクセントなどのアピールポイント

●本や雑誌

①カバー、表紙　②裏表紙　③汚れやマーカー折れのある写真　⑤側面や天井の日焼け具合

●小物の類

①全体の写真　②違う角度の写真
③メジャーや対比する商品を置いてサイズ感が伝わる写真
④壊れや傷みなどの問題のある箇所

●家電製品

①全体写真　②すべての付属品の写真　③製造年月日や型番　④傷んでいる箇所

写真は全部で10枚掲載可能です。ですが5枚あれば十分です。

写真で綺麗に見せることは、正面からの写真を多用するのではなくて、斜めから撮るような演出をすると、より綺麗に見えます。特に上からの撮影では自分の影も映り込みやすいので、注意しましょう。

出品商品写真は正面以外も載せたほうがベター

相手の気持ちを考えて商品の写真を撮ることが重要です。商品の購入を考えている人が【どこを気にするのか】ということを考えて撮影しましょう。

・家電製品の場合↓電源が入るのか心配↓電源が入っている写真の掲載
・ブランド品の場合↓本物かどうか心配↓シリアルナンバーの写真があれば安心
・貴金属などの場合↓本物かどうか心配↓刻印などの写真があると安心
・使いかけの化粧品↓残量はどれくらいかな？↓残量がはっきりとわかる写真

こんな感じで、相手のニーズに合わせた写真を掲載することで、質問に答える手間も減りますし、相手に安心感を持ってもらいやすくなります。

部屋が暗いのでフラッシュを点けて撮影する人がいますが、それは禁止です。明暗が不自然に見えてしまいますし、色合いなども実物とは違って写ります。

相手に生活感が伝わってしまうと【中古品】というイメージが強く伝わります。できるだけ生活感は出さないように心がけましょう。

本・CDの出品の場合

本やCDを出品するときは、メルカリのカメラ機能を使うと便利です。

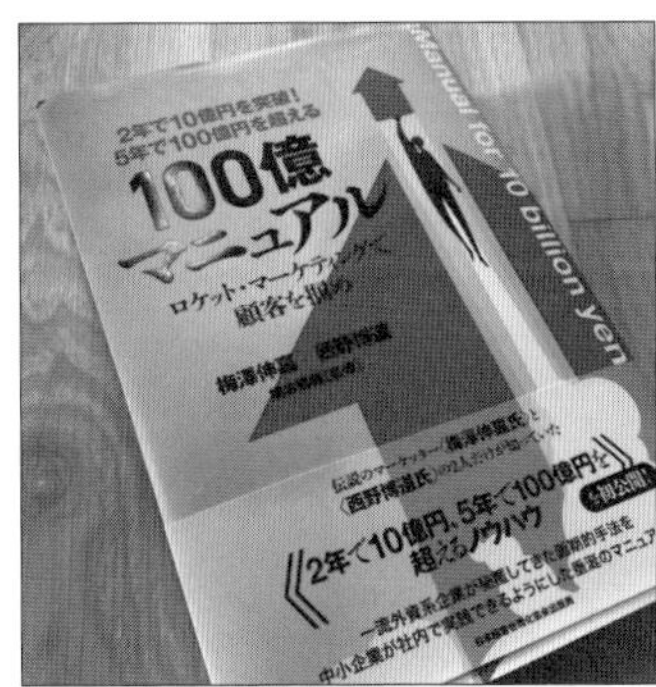

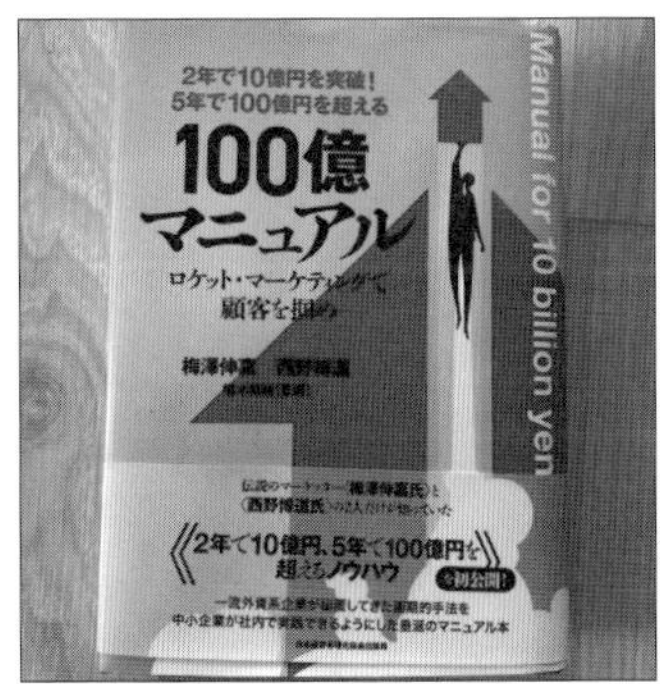

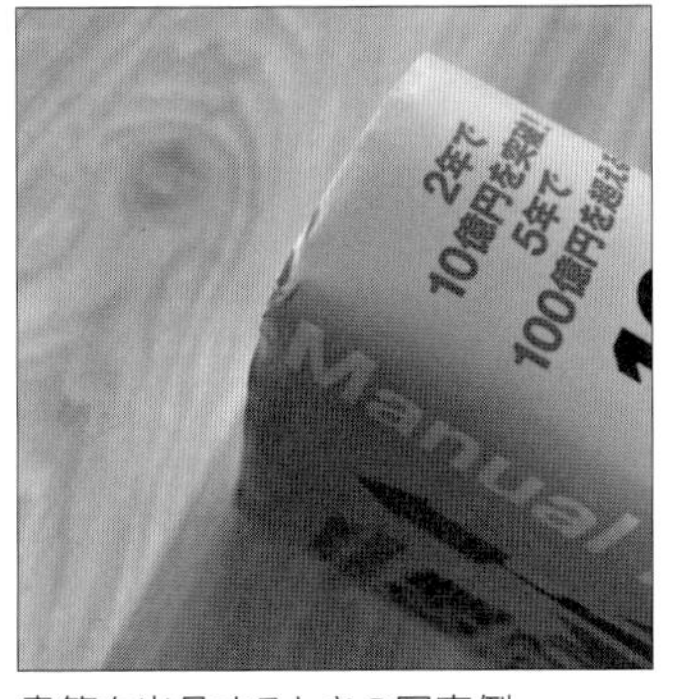

書籍を出品するときの写真例

「出品」を押して、「バーコード」をタップしてください。カメラが起動したら、本やCDのバーコード部分が写るようにします。すると本やCDのタイトルや参考価格が表示されます。そのまま出品を進めていくと、本やCDのタイトルや定価などは自動で記入されていますので、あとは、商品の状態をアピールするように記載しましょう。

本の売れ行きの傾向として、ビジネス書は比較的高値で、特に著名人が執筆したものなどはより高値になる傾向があります。メルカリの場合、基本的に送料は出品者が払うので、安価な本はまとめてセット売りするのがお勧めです。漫画などは、セットにするほうが、続けて読みたい人

もいるので売れやすい傾向にあります。特に連休前などは休みにまとめて読みたいという人もいますのでお勧めです。

食品を販売する場合

セットで販売するときにトップの画像を単品の画像にしてしまうと、相手に【高い】というイメージを持たれてしまいます。複数個で販売する場合は、トップの画像を販売する個数にして揃えて写真を撮りましょう。

メルカリでは、生肉や魚など、消費期限が極端に短く、相手に到着してから1週間を切るものや、消費期限の記載のないものも販売禁止なので、出さないようにしましょう。

3-04 思わず買ってしまう売れる文章の書き方

ネットでものを売る場合、文章はとても重要です。というのもすべてのお客様が狙った商品を探しに来ているわけではなく、何気なくいろんな商品を見ている場合も多いのです。そういうお客様にはタイトルで訴求力を持たせて自分のページに呼んでくる必要があります。ですから、タイトルでいかにお客様を惹きつけることができるのか、ということが売り上げに大きく関わってきます。

1 タイトルのつけ方

タイトルの**文字数は40文字**です。その中に検索されやすいキーワードを入れ込んで書いていきます。相手がどのように検索するのか想像して、キーワードを盛り込んでいくのかがポイントです。

たとえば女性用のパンツ、実際はどんなキーワードで検索されるでしょうか？

(例) 短パン・ショートパンツ・サロペット・ガウチョパンツ・ジーンズ・デニム・カーゴパンツ・オーバーオール・チノパン・カジュアルパンツ・ハーフパンツなど

色々ありますよね。ただ単に「夏物パンツ」とタイトルに入れるのではなく、こういう直接的に検索されやすいキーワードをタイトルに入れておくと効果的です。

さらに、キーワードを本文の商品説明欄に入れることも忘れずにしてください。検索する人が間違ったワードで検索することもあります。それを事前に考えておいて、間違うことを予測したキーワードも本文に入れるとより効果的です。

(例) ルイヴィトン↓ルイビトン　ヴェルヴェット↓ベルベット
サンドウィッチ↓サンドイッチ　カシミア↓カシミヤ　シャドー↓シャドウ

2　タイトルに入れた方が良いもの

タイトルは見栄えが良くて、よりキャッチーなものが目を引きます。まずはいろいろな人のタイトルを見て、その特徴をしっかりと感じて頂けるとよくわかりますが、次のような記号が多用されていると効果的です。

☆★◇□■♡♧♠【】「」『』（）

さらに記号だけではなく、キャッチコピーを併用していくと、より相手の目を引きます。

（例）『週末セール』『最終値下げ』『限定品』『ラスト1個』『今日だけ価格』『未使用品』『美品』『送料無料』『新品』『レア物』『おまけ付き』

入れたほうが良いものとして、洋服や靴などのサイズ感があるものはサイズをタイトルに入れておくと、売れやすい傾向にあります。

（例）LL・23.5センチ

ブランド品の場合、ブランド名もタイトルに入れましょう。特にハイブランドの商品は商品名で検索する人も多いので、入れることで売れ行きが良くなります。
反対に低価格が売りのプチプラブランドの場合は、ブランド名を入れることにより、より安価なイメージを相手に与えてしまう場合もありますので、そういう場合は**あえて入れない**というのも効果的です。
ブランド名を入れない場合はその他のアピールポイントをしっかりと強調しましょう。

（例）刺繍がかわいい・生地がとても肌触りが良い・あまりないデザイン・色が綺麗など

中古品を販売する場合でも、次のような表現はタイトルには入れません。入れることで、相手は古さを感じてしまいますので、あえてタイトルには書かない方が良いです。

(例) 中古品・リサイクル商品・使用済み・ユーズド品・汚れあり・古着など

勿論、タイトルに書かなくても問題になったりはしません。その代わり本文の中できっちりと説明してあれば、「クレームになる」ということは経験上ありません。

さらに、ここでもうひとつ外せない重要なことをお話しします。それは、**半角スペースを入れる**ということです。

半角スペースをどこに入れるのかで、検索結果が変わりますので、しっかりと意識していきましょう。

(例) ドンキホーテ → ドンキ ホーテ、デザインシャツ → デザイン シャツ

3 複合キーワードを意識しよう。

検索してくる人は、より自分の欲しいものをダイレクトに探してくるので、1つのキーワードだけではなくて、2個、3個と複数のキーワードを入れて検索してきます。

そこを売り手がきっちりと理解して、タイトルに入れ込むことにより、訴求力も上がり、より商品が検索されその結果、売れやすくなります。

（例）ルイヴィトンカバン・女の子110センチ・ダイワリール
　　　ナイキジャージ白・サザンCD新品・マフラー赤カシミア

家電の場合、型番などを入れることもありますがその時はハイフンの代わりに半角スペースを入れると、検索されやすくなります。

（例）DSC-RX100↓DSC RX100

タイトルは文章的に綺麗である必要性ありません。キーワードを半角スペースで切って、検索に引っかかりやすいようにしてください。

図33

たとえばこの商品の場合（図33）

（悪い例）

新品未使用品です。かわいらしいｃｈａｒｍのカーディガンです。女子力アップにいかが？


（良い例）

【緊急値下げ】新品タグ付きＧＹＤＡｃｈａｒｍグリーンカーディガン未使用品フリーサイズ

タイトルをパッと見てどんな商品かイメージできることが重要です。

さらに、「〜〜風」という表現は禁止です。本物ではない類似品をこのような勘違いするようなキーワードを使って本物っぽく見せるのは禁止されています。

（悪い例）ヴィトン風バック

そのような場合、たとえば「気分は、ルイヴィトン」なら表現的にも問題はありません。

4 本文の書き方

本文は単に商品の説明を羅列するのではなく、検索でのヒットを狙いキーワードや間違い語句を効果的に入れ込みましょう。さらに**ストーリー**を持たせて文章を書くと相手に共感してもらいやすくなり、成約にもつながります。

より高く販売するテクニックとして、**購入時の金額を書く**というのも効果的です。その商品の正確な価値観を相手に伝えることにより、高く見せることもできますし、値引き交渉を断る理由にもなります。

（悪い例）コムサイズムの7分袖のシャツです。どちらもLサイズです。淡いパープルのものと淡いグレイのストライプでどちらも使用頻度低く状態良いです。

（良い例）昨年4万円で購入したコムサイズム（COMME CA ISM）のシャツです。7分袖でLサイズです。

身長175センチ、体重75キロの私が着ても、苦しくなく、腕の長さもちょうどでした。

白のチノパンと合わせたくて、購入した淡いパープルと淡いグレイのストライプのシャツです。大人っぽい雰囲気が好きでした。使用頻度も2回ほどで、型崩れもありません。とても生地が良くて気に入っていたのですが、出番がないために出品します。

即購入OKです。

いかがでしょう。無機質な商品説明文も人柄が表現できて、身近に感じますよね。メルカリの場合、検索して訪れてきた相手はもちろん、フラッと来たお客様にも「欲しい」と思わせる必要があります。

なぜ、その商品を購入したのか？ なぜ、その商品を今回手放すことになったのか？ そういうことも相手は知りたがっています。しっかりとした理由を書いてあげると納得して購入してくれます。

一番大事なのは、**共感してもらう**ことです。そして、相手がどこに惹かれてこの商品を買うのか？ ということをしっかり意識して文章に落とし込んでいきましょう。

●ハッシュタグを使うのも効果的

検索に引っかかりやすくするように関連キーワードをハッシュタグでほどほどに記載するのも効果的です。

例　白いブラウスの関連キーワードをハッシュタグで商品詳細に散りばめた例
#おしゃれ #シフォン #白 #ホワイト #ブラウス #ビジネスシーン #秋コーデ #秋服
#夏 #春

こういうキーワードをハッシュタグで本文最後にまとめて入れることで、いろんな検索に引っかかりやすくして、お客様に商品を発見してもらいやすくします。

●購入者の気持ちになって考える

これはとても重要です。購入する相手がどこを気にするのかを先読みし、文章の中に入れ込んでいくことで、自然と相手に安心感を与えることができます。先回りした文章は居心地が良いものです。丁寧に書くことで相手からの質問も少なくなるので、結果的に手間が減ります。

ここではジャンル別にお客様はどこを気にするのかをまとめてみました。

ブランド品

- 本物を証明できるものは何か？
- どこで買ったのか？
- 使用頻度はどれくらいか？
- 箱や袋などの付属品は揃っているか？
- 傷やイタミなどは無いのか？

カバン

- 中の汚れはどんな感じか？

・ポケットの数はいくつなのか？
・ポケットはどこに何が入る大きさなのか？
・端部のほつれなどは無いのか？
・どうやって開けるのか？
・ファスナーは滑り良く開くのか？
・付属品は揃っているか？

ズボン

・ウエストは調節できるのか？
・汚れやイタミは無いのか？
・サイズ的に大きめなのか小さめなのか？
・チャックの状態は良いのか？
・ポケットはどこに何個あるのか？
・ズボンの形はストレートなのか、それとも絞ってあるのか？

洋服

・どこで買ったのか？
・イタミやほつれなどは無いのか？

・サイズのわりに大きめなのか？　それとも小さめなのか？
・クリーニングしてあるのか？
・新品かどうか？

靴

・サイズ的に大きいか小さいか？
・形状は細いのか？　横に広いのか？
・サイズはいくつなのか？
・クッション性はどうなのか？
・靴底はどんな感じか？

電化製品

・製造年月日はいつなのか？
・電源が入るのかどうか？
・傷んでいる個所はないか？
・付属品の状態はどうなのか？
・保証は受けることができるのか？
・電池はついているのか？

・型番はどうなのか？
・動作の状態で異音などが鳴らないのか？

以上のようなところを丁寧に書いてあげると、とても親切です。

●連想するキーワードを入れ込む

キーワードをたくさん入れ込むことは、メルカリではとても重要です。しかし、たまに見かけるのですがキーワードだけの羅列はNGです。さりげなく文章の中に入れていきましょう。

（例）自宅でも着ることができるトレーニングウェアです。ゆったりとした作りなので、ルームウェアとしても最適です。カジュアルな感じですし、パジャマとしてもお使い頂けます。この夏の部屋着としても良いですね。私も同じものを持っていますが、トレーニングだけでなく、普段着としても使っているので、とても便利ですよ！

この文章の中にいくつのキーワードが入っているでしょうか？

「トレーニングウェア」「ルームウェア」「パジャマ」「カジュアル」「部屋着」「普段着」

関係のないキーワードを入れ込むのはNGですが、同じ商品の説明でも多角的に攻めることにより、いろんなキーワードの検索に引っかかりやすくなるので、意識して入れ込んでいくようにしましょう。連想ゲームをする感覚ですね。

キーワードが分からない場合は自分が出品しようとする商品を検索窓に入れてみてください。すると関連するキーワードがサジェストとして、表示されますので、そのキーワードを意識して本文に入れ込んでいくと効果的です。

文章は見栄えも大切なので、行間を開けて、読む人が読みやすいように心がけましょう。柔らかいイメージを出すために絵文字なども使ってください。商品の性能的なものは、箇条書きにすることにより、より見やすくなります。記号などで強調することも忘れずに。

TIPS

魔法の言葉……「即購入OKです。」

この言葉を書くことにより相手はコメント欄から「買っていいですか?」などと聞いてこなくなり、売れる確率もぐっと上がります。その反対に「質問、コメントはお気軽に」と書くと、コメントがたくさん付いて、安心感を与えます。

注:サジェスト

ユーザーが検索する可能性の高いキーワードの候補を表示する機能

5　コメントが来た時の対処法

コメントが来るとめんどくさいと思う人もいますが、実はコメントはチャンスです。

コメントが来た場合にはできるだけ早く返信してください。その結果、あなたの信用度が増します。コメントを返すことによって人柄が伝わるのと、そのコメントを見ていた他の人が急に横から入ってきて、購入していくということもよくあります。

コメントは、相手にアクションを起こさせる効果があります。まずはアクションを起こしてもらうということを心がけてください。購入だけがアクションではありません。

コメントをもらうことや、「いいね」を押してもらうこともアクションです。コメントが増えてくることが、上手くできているかということを計るひとつの指標になります。

いきなり購入される場合もありますが、基本はコメントが来ない商品は売れないと思ってください。売れる商品にするには、コメントをもらえるような内容にすることです。

相手からコメントが来た時に「この人、神経質だな」と思うことがあります。相手もネットでの購入には慣れていなくて慎重になるのもわかりますが、あまり細かい人とは取引しないようにしましょう。些細なことで【悪い】の評価を付けられることがよくあります。

【悪い】の評価は売り上げにも影響しますので、断る勇気も持ってくださいね。

何度も同じ商品を販売していると、届くコメントの内容が事前に予想できます。コメントの内容に対する文章を本文中に書くことで、コメントへの対応を減らすことができ、そういう先回りの文章は相手にとっても親切です。事前に定型文などのひな型を用意しておくのも、お勧めです。

メルカリには出品者を【フォロー】という機能があります。出品物に共感してもらえたり、同じ趣向だったり、本文が丁寧で信頼されたりすると増えていきます。

この【フォロー】という機能は、あなたをお気に入り登録して、すぐに見つけやすくするというものです。

6 専用出品の依頼が来たら

専用出品とは、メルカリ特有のルールです。ただし、メルカリ自体が推奨しているルールではありません。メルカリでは、出品物の売上金で商品を購入することもできます。他の人に買われたくはない欲しい商品があるけども、売上金が入るまで、キープしておいて欲しいという事情からできたローカルルールです。

必ず従わないといけないというルールではありません。しかし、結構「専用にしてくれませんか？」という依頼は来ます。ですので、覚えておいてください。

●やり方は2種類

今の出品しているページを依頼者の専用に変えて【専用出品】にするのか、もしくは、新しくその人専用のページを作るのかのどちらかです。

同じ商品を複数持っている場合には後者を選択する方が、前のページは残っているので、売れやすくなります。

その反対に商品が1つしかない場合には、今の商品ページを専用にします。やり方は簡単です。新しくその人専用のページを作る場合には「〜〜さん専用」とタイトルに記入して、トップ画像にぼかしやモザイクをかけて、どんな商品かわからないものにして、トップの画像に「〜〜さん専用」というように文字を入れます（図34）。

以前に出品していたページを専用にする場合も今の出品ページのタイトルとトップ画像を次のように変更します（図35）。

図34

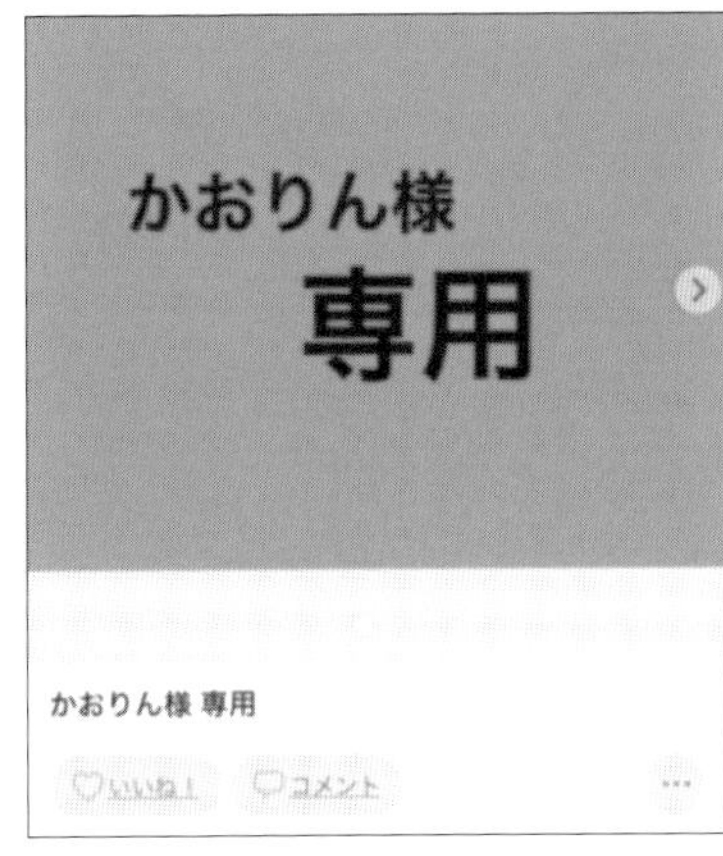

図35

3-05 商品が売れたらすること

1 商品が売れたその後は？

まずは、売れたのがどの商品か確認しましょう。アプリ画面右上の【やることリスト】や下部の【お知らせ】から詳細を確認します。

・やることリスト

なにをお探しですか？

検索条件　おすすめ　新着　レディース　ベビー・

・お知らせ

ホーム　お知らせ　出品　メルペイ　マイページ

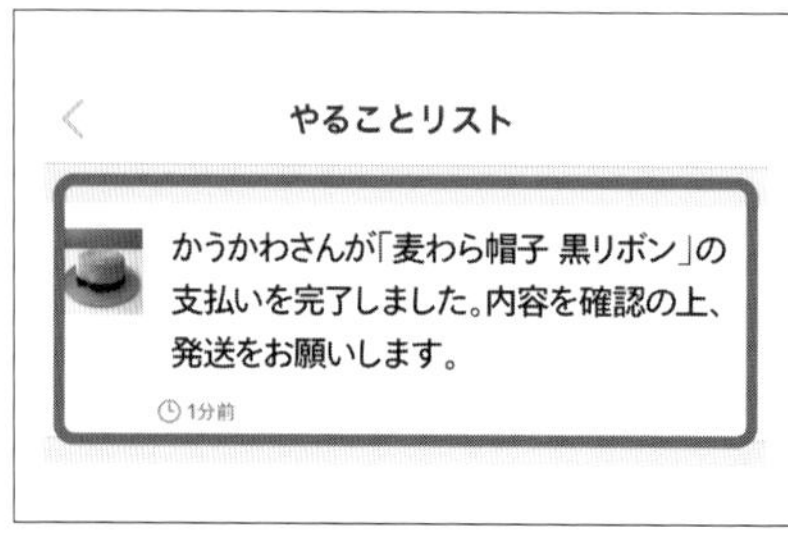

相手が購入してくれても、商品代金が支払われない限りは発送してはいけません。購入後に相手が支払いを済ませたら、発送に取りかかります。

購入してくださった相手に気持ちよく取引するために取引メッセージから、必ずお礼と発送の日時を知らせましょう。入金が確認できたら発送作業にかかります。

取引画面

発送をしてください

商品が購入され支払いされました。商品の発送を行ってください。

商品が売れた後の流れ

出品者のよくある質問

商品の発送をしたので、発送通知をする

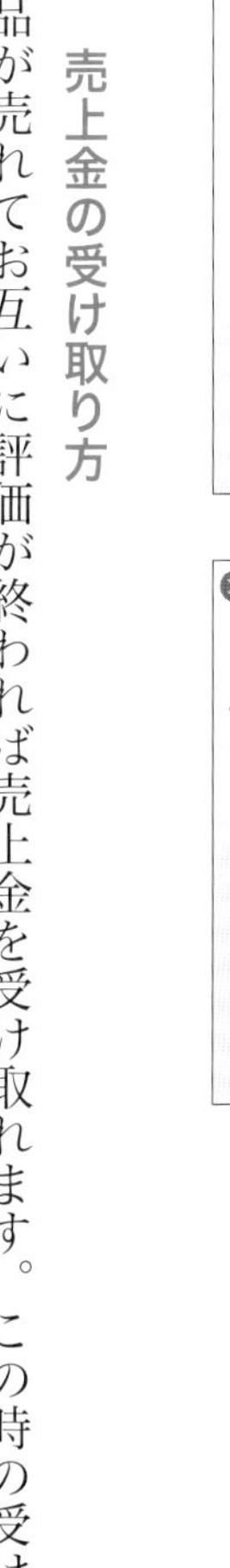

2　売上金の受け取り方

商品が売れてお互いに評価が終われば売上金を受け取れます。この時の受け取り方は2つ。

①売上金を銀行振り込みで受け取る方法

この場合、振り込んでもらう金額に関係なく、「２００円」の手数料がかかります。まずは銀行の口座を登録しておきましょう。もし、口座を登録しないで売り上げから、１８０日を過ぎてしまうと、売り上げはなくなってしまいます。それではもったいないですよね。いざというときのためにも、忘れずに登録しておきましょう。【メルペイ】というところをクリックして、銀行口座の登録をしていきます。

②メルペイのポイントとして受け取る方法

メルカリ内で使えるポイントを売上金で購入します。メルカリ内でよく商品を購入する人などは、こちらがお勧めです。特に最近メルペイはいろんなところで使えます。ID決済対応のお店とメルペイコード対応のお店で使えますので、現金化することも無く、日常的に使えます。コンビニなどでも使えますし、キャンペーンも行われますので、振込手数料を引かれることを考えても、こちらの方がお得です。

ID決済やメルペイコードが使えるお店

3　いろいろな商品の梱包方法

●梱包方法

売れた商品は、梱包して発送します。

初心者の時は、「どう梱包したらいいのだろう……」「綺麗な箱や袋を買って送らないと……」などと考えてしまいがちですよね。ここでは売れた商品の梱包方法や、必要な材料について説明していきます。

●梱包するにあたって重要なこと

・破損しないように

割れものや、壊れやすい商品は配送途中で壊れてしまわないように、エアークッション（プチプチ）などの緩衝材でしっかりと梱包することが重要です。

・雨にぬれても大丈夫なように

ビニール袋やＯＰＰ袋に入れてから封筒などで梱包すると、雨にぬれても安心です。

・折れないように

薄い本や雑誌を送るときは、折れたりシワになったりしないよう、厚紙や薄い段ボールで挟んでから封筒に入れたり、レターパックや宅急便コンパクトの薄型の箱を使うなど工夫が必要です。

・髪の毛やほこりが入らないように
梱包に一生懸命になりすぎて見落としがちなのがこれです。梱包前に作業スペースにゴミが落ちていないか確認し、商品にも付いていないかよく見てみましょう。
リサイクルの紙袋や段ボールを使用する場合もゴミや汚れが付いていないか気を付けてくださいね。

・商品説明や商品写真と違いが出ないように
箱に入れた状態で出品していたけれど、箱から出して中身だけ送る、などということは、クレームになることがありますので気を付けましょう。もし送料の都合で中身だけ送りたいときは、出品時の商品説明に「箱から出して中だけ発送いたします。」と一言添えると安心です。

商品を送るときは、自分が受け取る立場に立って丁寧に梱包することが大切です。

●梱包に必要な道具
梱包用品をそろえておきましょう。
商品が売れたときに慌てないよう、あらかじめひとまとめにしておくと便利です。

・ハサミ・カッター
商品に合った大きさに梱包材を切ったり、商品の大きさに合わせて段ボールを加工したりするのに必要となります。

・テープ類：セロハンテープ・透明梱包用テープ・ガムテープ・マスキングテープなど
段ボールや紙袋をとめるのに必要になります。段ボールは布ガムテープで貼るとはがれにくいのでお勧めです。透明梱包用テープは見た目が綺麗なので、封筒や紙袋をとめるときに使うと良いでしょう。マスキングテープはかわいいのでアクセントなどで使用するのは良いですが、はがれやすいため、封筒を閉じる際には使用しないほうが無難でしょう。

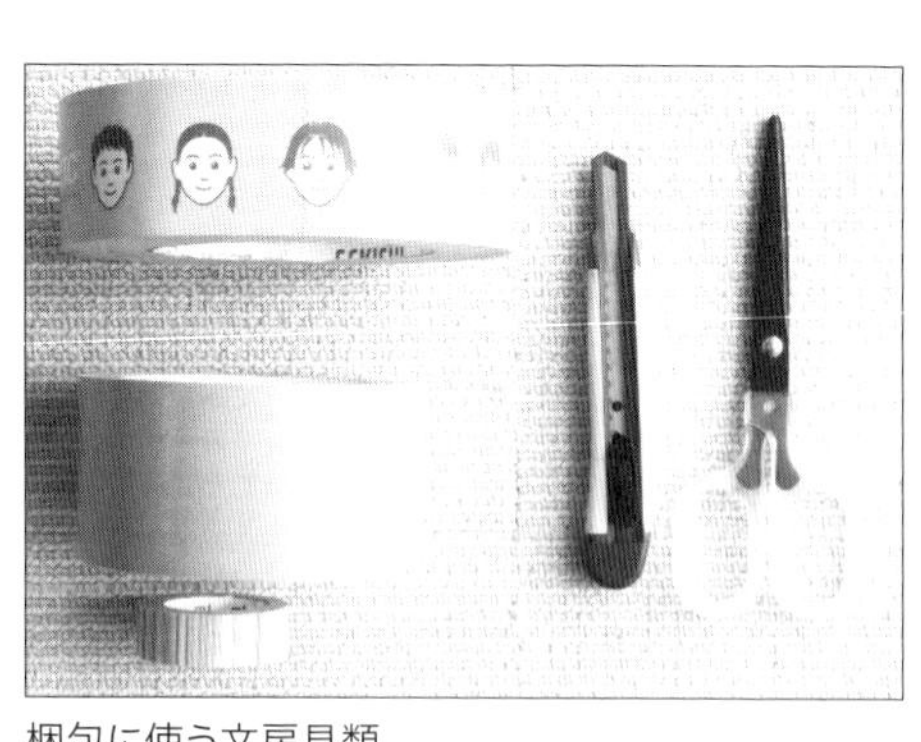
梱包に使う文房具類

・重量を量る：キッチンスケール・体重計
小さくて軽いものはキッチンスケールで量ります。家電など重いものは体重計を使います。

・厚さを測る：スケール・メジャー
商品サイズを測るメジャーは採寸メジャーのような柔らかいタイプが便利です。厚さを測るスケールは、３㎝や2.5㎝など厚さ制限のある配送方法を利用するときにあると便利です。こちらは１００円ショップでも購入することができます。

●梱包グッズ

・封筒類

ゆうパケットやネコポス、クリックポストなどはA4サイズまで安く送ることができるので、A4サイズの角２封筒を用意しておくと良いでしょう。

・袋類：ファスナー付きビニール袋・ＯＰＰ袋

水ぬれ防止のために使用します。ＯＰＰ袋は、丈夫で透明のビニール袋です。上部にテープがついていて封筒のように閉じることができます。普通のビニール袋よりも見た目がよく、丁寧に梱包してある印象を持ってもらいやすいので、ＯＰＰ袋の利用をお勧めします。１００円ショップやホームセンターで購入できます。

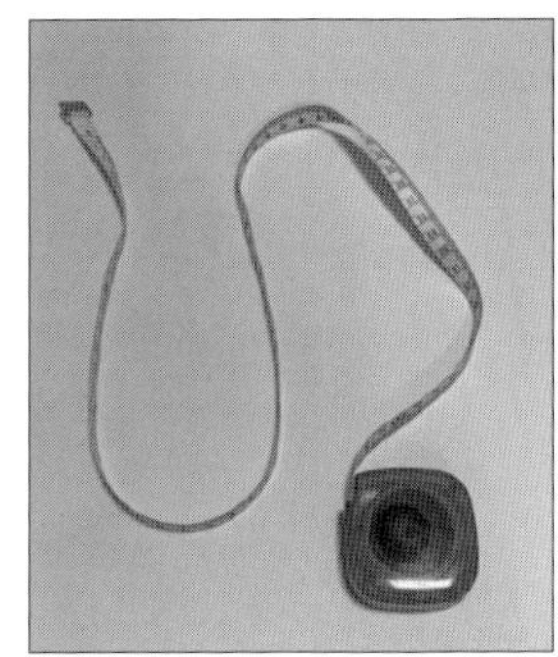

メジャー

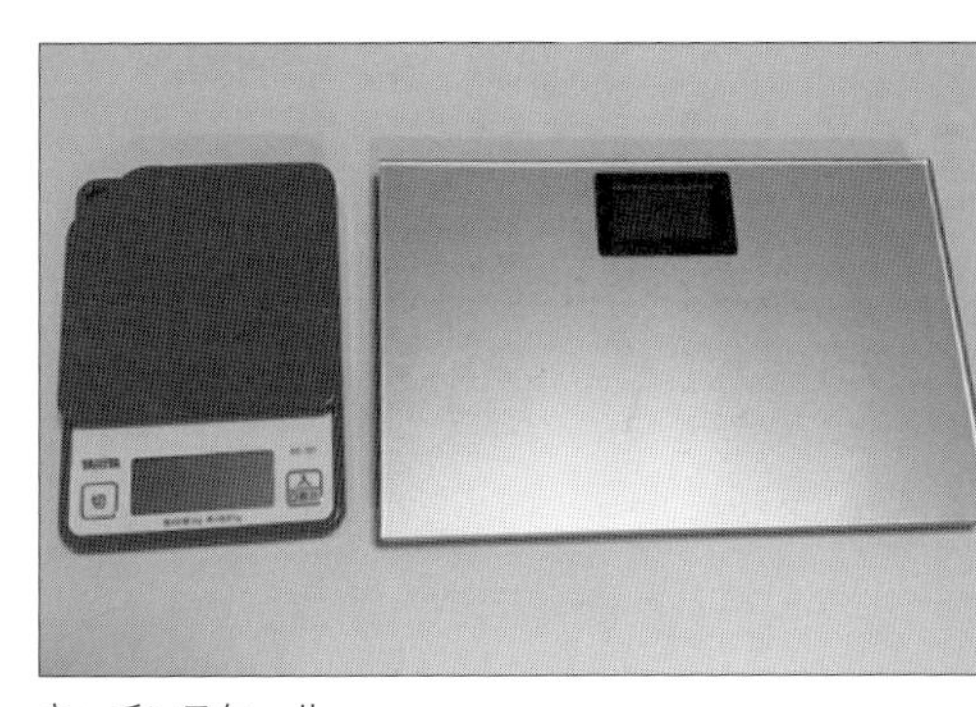

キッチンスケール

・段ボール箱（スーパーなどでもらってきたものでOK）ショップバック・紙袋など

大きいものは、お店でもらった段ボール箱や、紙袋、ショップバックなどに入れて送ります。できるだけ状態の良いものを選び、中にゴミなどが入っていないかよく確認してください。

・緩衝材：プチプチ・新聞紙など

壊れやすいもの、精密機械などを配送中の衝撃や破損から守るために必要です。段ボール箱に商品を入れた際、隙間ができてガタガタ動くようでしたら、緩衝材を詰め込んで動かないようにします。また、家電などで、もともとの外箱に入っている大型商品を送るときは、外装をプチプチで包装すると、外箱を傷付けずに送ることができます。１００円ショップにもありますが、ホームセンターや通販などでロール状になったものを用意しておくと便利です。

紙袋

封筒類

・専用梱包材：宅急便コンパクト・ゆうパケットプラス・レターパック

宅急便コンパクトの箱は、縦20cm、横25cm、厚さ5cmの専用ボックスと、縦24.8cm、横34cmの専用薄型ボックスがあります。金額はどちらも70円で、クロネコヤマトの営業所やファミリーマートで購入できます。

ゆうパケットプラスの箱は、縦24cm、横17cm、厚さ7cmで、郵便局やローソンで購入可能です。金額は65円です。

レターパックは郵便局で購入できます。レターパックプラスは、ふたがきちんと閉じれば厚みに制限がないため、厚さが7cm以上でA4サイズ以内のものを送るのに便利です。

これらの専用梱包材を使用して送る場合は、あらかじめ箱を用意して、きちんと入るかどうか確認しておいたほうが慌てずに済みます。売れてから、やっぱり入らなかったからといった理由で配送方法を変更すると、クレームにつながってしまうこともあります。

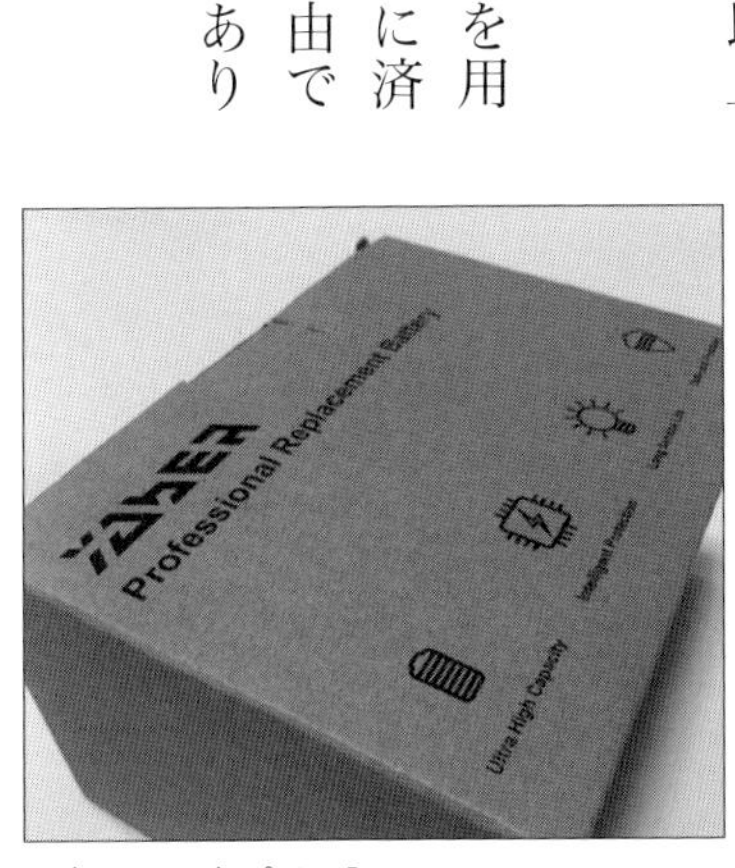

レターパックプラス1

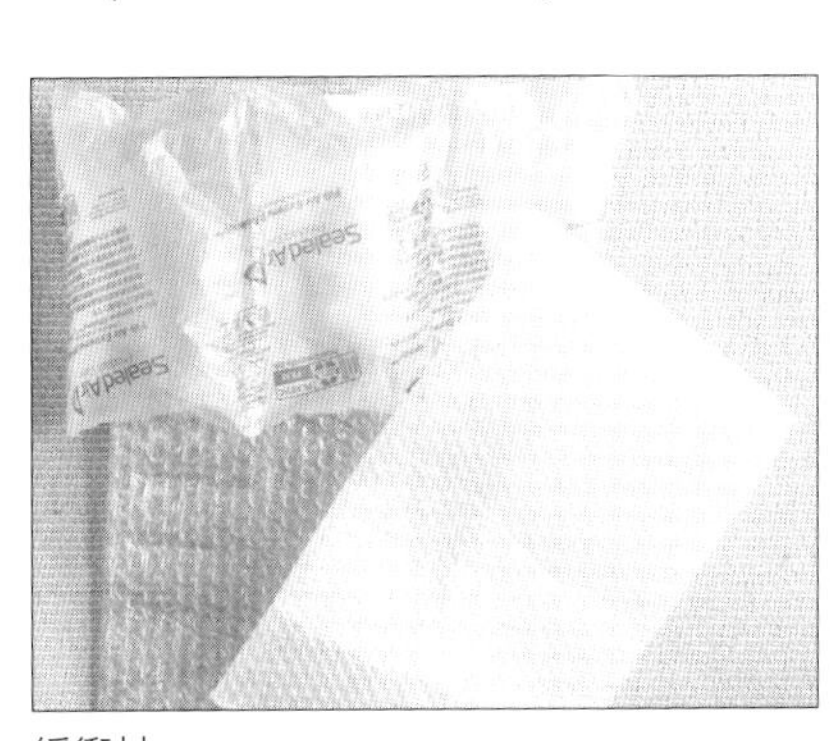

緩衝材

近くに100円ショップやホームセンターなどがなくて、梱包用品を購入することができない場合は、メルカリストアで封筒や段ボール箱類を購入することができます。また、通販の利用や、メルカリに出品されている梱包用品を購入することも可能です。

●商品ごとの梱包方法

梱包するときのコツは、できるだけ薄く小さく、できるだけ軽くすることです。規定の厚みや重さを上回ると送料が上がったり、返送されてきたりすることもあります。荷物は大きければ大きいほど送料は高くなっていくため、工夫して梱包していきましょう。

また、中古品は特に出品時に検品をしているかと思いますが、梱包する際、もう一度商品説明と相違ないか検品しておきましょう。

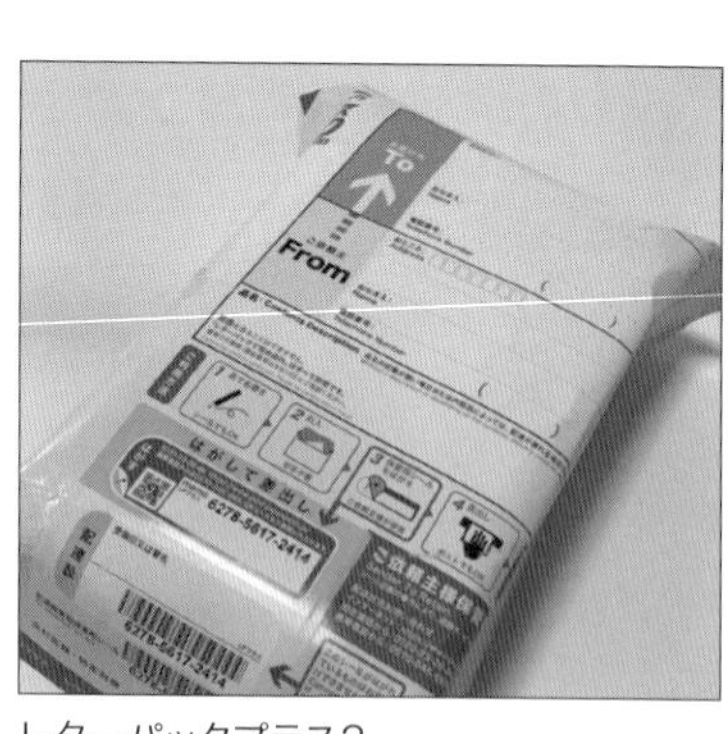

レターパックプラス2

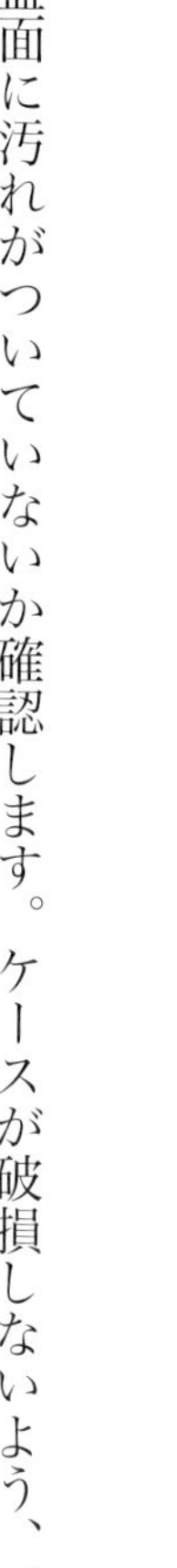

・CD、DVDの梱包

中古の場合は、盤面に汚れがついていないか確認します。ケースが破損しないよう、プチプチで梱包するか、クッション付き封筒に入れて発送しましょう。

① OPP袋に入れる

② プチプチで梱包する

③ 封筒に入れる

★必要なもの：OPP袋、プチプチ、封筒またはクッション付き封筒

CDの梱包

・衣類の梱包

衣類は、綺麗にたたんでOPP袋に入れて発送します。たたみ方によって厚みが変わるため、できるだけ薄くなるよう工夫しましょう。厚みのある衣類を送る場合は、ジッパー付きのビニール袋に入れて、薄く圧縮する方法もあります。その際はシワなどができる場合があるため、あらか

じめ商品説明に載せておきましょう。

① たたんでOPP袋に入れる

② 封筒やショップバックに入れる

★必要なもの：OPP袋、封筒、ショップバックなど

衣類の梱包

・小さなおもちゃ、雑貨類
壊れやすいものは必ずプチプチで包みましょう。子ども用のおもちゃや衛生グッズなどを送る場合はアルコール消毒をすると喜ばれます。その旨は商品説明に「アルコール消毒済みです」と書いておきましょう。

①　OPP袋に入れる（入らない場合はビニール袋でもOK）
②　プチプチで梱包する
③　封筒や専用箱に入れる。動いて壊れそうな場合は、動かないように箱内の隙間に緩衝材を入れる

★必要なもの：OPP袋、ビニール袋、プチプチ、封筒、専用箱

・本・雑誌・パンフレットなど
基本的にはOPP袋に入れたあと、プチプチで包まずに封筒に入れても大丈夫です。薄くて、封筒に入れてもグニャグニャとする場合は、厚紙や、薄めの段ボール2枚で挟んで折れないよう強度を増すと安心です。

①　OPP袋に入れる
②　必要であれば強度を付ける

③　封筒に入れる

★必要なもの：ＯＰＰ袋、厚紙や段ボールなど、封筒

薄い本の場合

・カバン・靴

カバンは中に詰めものをすると大きくなって、送料が高くなってしまうため、できるだけたたんで送るようにしましょう。商品説明には、「たたんだ状態で発送します」と明記しておきます。たためない状態のカバンであれば、そのままプチプチで梱包します。靴は、形が崩れないよう詰めものをして、購入時の箱があればそれに入れて発送します。ない場合は、ＯＰＰ袋やビニール

袋に入れてからショップの紙袋などに入れて発送します。

① プチプチで梱包

② ショップバックや段ボール箱に入れる

ショップの紙袋に入れる場合は、持ち手のひもを外して透明テープで貼ると綺麗に閉じることができます。

また、丈夫な配送袋は、中が見えず、水濡れも防止できるため用意しておくと便利です。ネットショップなどでさまざまなサイズを売っています。

★必要なもの：ＯＰＰ袋やビニール袋、ショップバック、段ボール箱、配送袋など

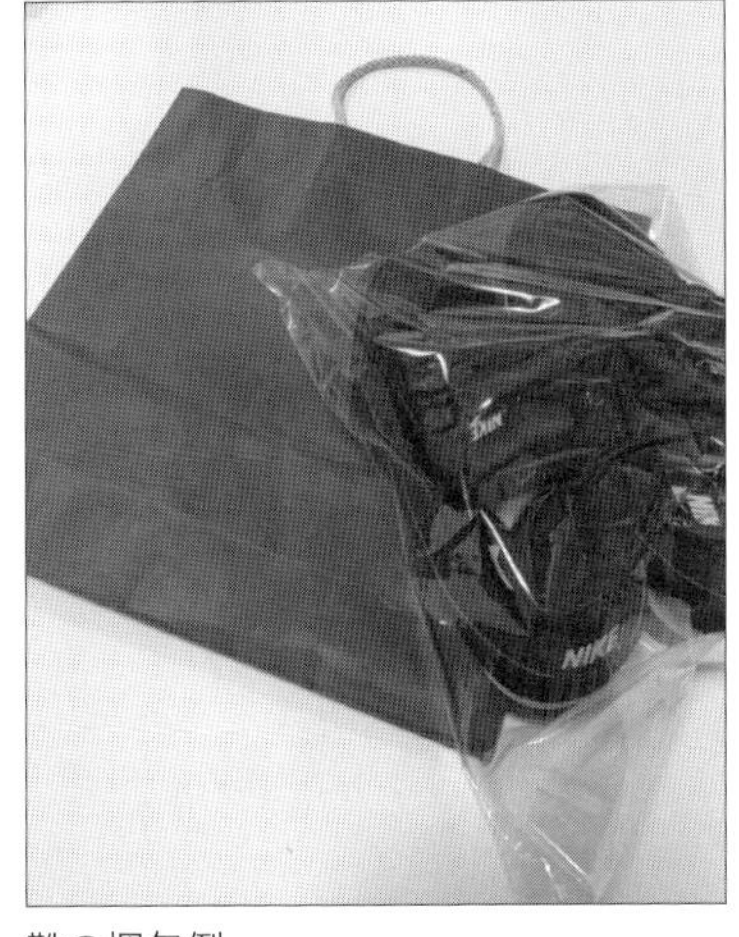

靴の梱包例

・食器類

食器類は壊れやすいため、必ずプチプチで梱包しましょう。紙袋などに入れると破損しやすいので、宅急便コンパクトやゆうパケットプラスなどの専用箱や、段ボール箱に入れて送ります。箱に入れたら動かないように緩衝材をつめておきます。複数枚同時に入れるときは、一枚ずつプチプチにくるみ、食器同士がぶつかって破損しないよう気を付けましょう。

① プチプチで梱包
② 段ボール箱や専用箱など丈夫な箱に入れる
★必要なもの：プチプチ、新聞紙などの緩衝材、段ボール箱や専用箱

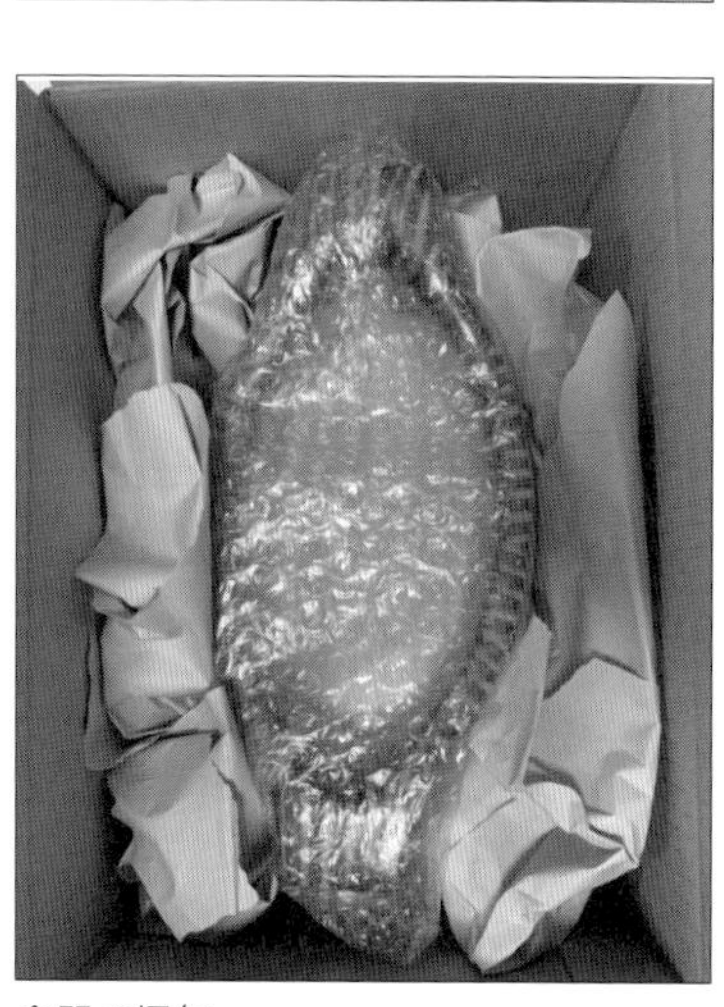

食器の梱包

・大きめの電化製品など

アイロンや空気清浄機、扇風機、ヒーターなど、大きめの電化製品は、外箱がある場合は外箱をプチプチで梱包して送ります。梱包用ラップでもよいです。直接外箱に配送シールを貼ることを嫌がる購入者もいるためです。出品の際に、「外箱をプチプチで包装して送ります」と記入しておきましょう。外箱がない場合の商品に関しては、清掃して、プチプチに包み、適切な大きさの段ボール箱に入れて、発送してください。

巻き段ボールというものもありますので、それで巻いて発送して頂いても大丈夫です。

4 配送方法について

●どんな配送方法があるの？

メルカリでは送料込みで出品したほうが売れる確率がアップします。気を付けなければならないのは、販売金額の10％がメルカリの手数料として差し引かれること。その差し引かれた金額からさらに送料を引いた金額が利益となるため、送料を安く抑えることがポイントとなります。「サイズ」、「重さ」、「厚さ」、「配送状況確認できるか」、「補償があるか」などの条件に合っていて一番安い配送方法を選んでいきましょう。

配送方法

メルカリの配送方法はたくさんの種類がありますが、大まかに分けると、日本郵便のサービスと、ゆうゆうメルカリ便、らくらくメルカリ便の3つになります。詳細については次の表をご覧ください。

● 日本郵便のサービス

サービス名	概要	送り方	サイズ・重量・料金
普通郵便	低価格で利用できるため、よく使われる配送方法です。小さくて軽いものを送るときに便利です。サイズと重量によって定型、定形外に分かれており、定形外はさらに規格内、規格外に分かれます。	封筒や、紙袋、箱などに入れ、郵便局へ持ち込むか、ポストに入るサイズであれば切手を貼ってポスト投函もできます。	**・定形郵便** 縦23.5㎝、横12㎝、厚さ1㎝、重さ50ｇまでのものが送れます。重さによって料金が変わります。 **・定形外郵便・規格内** 縦34㎝以内・横25㎝以内・厚さ3㎝以内・重さ1キロ以内。料金は重量によって120円から580円まであります。 **・定形外郵便・規格外** 縦60㎝以内、縦、横、厚さの合計が90㎝以内。重さは4キロ以内。料金は重さによって200円から1350円まであります。
ミニレター	カード類、チケット、写真など、薄くて小さなものを封入して送ることができます。サイズ内であっても、キーホルダーやアクセサリーなどは封入できません。紙片状のものに限られます。	専用の便箋兼封筒を購入し、宛先を書いて荷物を封入したら、ポスト投函できます。専用封筒は郵便局の窓口で購入できます。	縦16.2㎝、横9.2㎝、厚さ1㎝以内、重量25ｇ以内であれば全国どこでも63円で送ることができます。
スマートレター	CDやDVD、文庫本、2㎝以内に収まる薄手の衣類、アクセサリー、ハンドメイド品などを送るときに便利です。	専用の封筒を購入し、宛先を書いて荷物を封入したら、ポスト投函できます。 専用封筒は、郵便局の窓口、郵便局のオンラインショップ、一部コンビニでも販売しています。	縦25㎝、横17（A5サイズ）、厚さ2㎝、重量1キロ以内なら全国180円で送ることができます。
ゆうメール	CDやDVDなどの電磁記録媒体、書籍や雑誌などの印刷物を安価で送れるサービスです。	封筒の見やすいところに「ゆうメール」、またはそれに相当する文字を記載します。宛先を記入したら、郵便局からの発送またはポスト投函も可能です。差出の際は、次のいずれかの方法で中を確認できる状態にしてください。 ・封筒や袋の一部を開く。 ・包装の一部に無色透明部分を設ける。 ・内容品の見本を郵便局で見せる。	縦34㎝、横25㎝、厚さ3㎝、重さ1キロ以内で、重量によって180円から360円まであります。

ここまでご紹介した配送方法には、補償や配送状況の確認はありません。高価なものを発送する場合は注意が必要です。

しっかりと梱包し、差出人住所、名前を記載しましょう。万が一相手に届かなかった場合は、返送されます。返送もされず、相手にも届かない場合は、最寄りの郵便局に相談しましょう。郵便物の流れに沿って、関係する郵便局を調査し、その結果を知らせてくれます。特徴のある封筒などで送ると、迷子になったときに郵便局内で探してもらいやすくなるということもあります。

心配がある場合は、配送状況を確認できる配送方法を選びましょう。その時は赤字にならないよう価格設定に気を付けてくださいね。もし自分の住所などが知られたくない場合はメルカリ便を使うと匿名配送ができます。

● 日本郵便のサービス

サービス名	概要	送り方	サイズ・重量・料金
レターパック	厚みが3cmまでのレターパックライト、厚さに制限なしのレターパックプラスがあります。厚みが2cmを超える衣類や、ハードカバーの書籍、4キロまでの商品を送るのに便利です。	専用のレターパックを購入し、宛先を書いて荷物を入れたら、郵便局、またはポスト投函できます。差出の際には、追跡番号が記載された「ご依頼主様保管用シール」をはがし、保管しておきましょう。専用封筒は郵便局の窓口、郵便局のオンラインショップなどで購入できます。	**・レターパックライト** 縦34cm、横24cm、厚さ3cm、重さ4キロまでの荷物が、全国一律370円で送ることができます。補償はありませんが、配送状況確認ができます **・レターパックプラス** 縦34cm、横24cm、重さ4キロまでの荷物が、全国一律520円で送ることができます。かなり厚みがあっても、封筒が閉じればOKです。補償はありませんが、配送状況確認ができます。
クリックポスト	YahooIDの取得／Yahoo!ウォレットの登録または、Amazonアカウントの取得／Amazonpayの登録が必要です。クリックポストのサイトにログインして自宅で宛名ラベル印刷、料金支払い手続きができます。ポスト投函ができるので、忙しくて郵便局などに行くことができない方にお勧めです。	クリックポストのサイトにログイン、宛先の住所など入力し料金を決済します。宛名ラベルを印刷したら切り取って封筒に貼り付けます。切手は不要です。郵便局またはポストへ投函します。ラベルの有効期限は、料金を決済した日の翌日から起算して7日間です。期限内に発送するようにしましょう。	A4サイズ（縦34cm、横25cm）厚さ3cm、重さ1キロまでの荷物が、全国一律198円で送ることができます。補償はありませんが、配送状況の確認ができます。

②ゆうゆうメルカリ便

ゆうゆうメルカリ便は、メルカリと日本郵便が提供するサービスです。荷物のサイズによって「ゆうパケット」「ゆうパケットプラス」「ゆうパック」の3つの種類があります。あて名書き不要、相手に住所や名前を知らせずに送ることができる匿名配送、全国一律料金、配送状況確認、補償付きなどのメリットがあります。

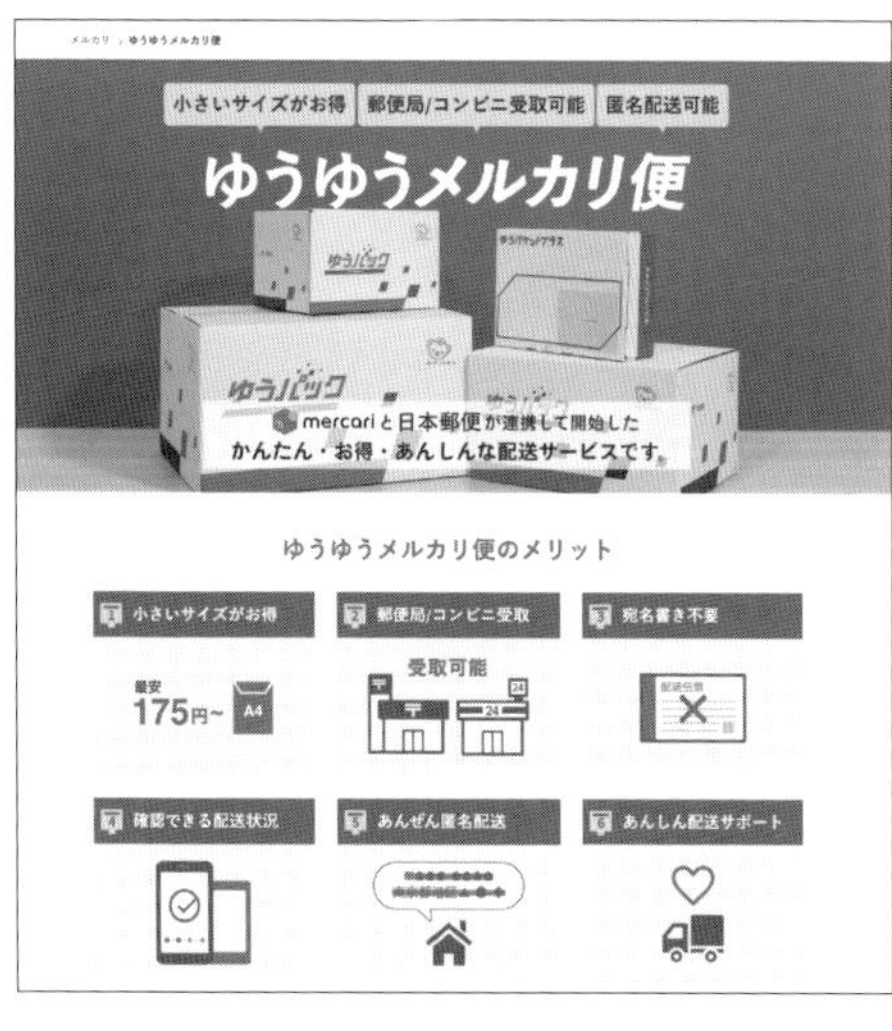

● ゆうゆうメルカリ便

サービス名	概要	送り方	サイズ・重量・料金
ゆうパケット	雑誌や本、CD、DVD、厚さ3cm以内に収まる衣類などを送るのにお勧めです。	郵便局またはローソンからの発送が可能です。商品が売れたら、まず梱包します。梱包材に決まりはありません。そして取引画面より郵便局から発送か、コンビニから発送のどちらかを選びます。次にサイズのところを「ゆうパケット」にします。2次元コードを表示させます。郵便局の場合、ゆうプリタッチに2次元コードをかざして宛名ラベルを発行し、封筒に貼り付けて窓口へもっていきます。ゆうプリタッチがない場合は、窓口で2次元コードを提示すれば手続きしてもらえます。ローソンの場合、ロッピーに2次元コードをかざして出てきたレシートと荷物をレジへもっていきます。伝票を受け取ったら必要分を伝票納入袋に入れて荷物に貼り付けます。スマホを忘れないように持っていきましょう。支払いは、売上金から差し引かれます。※商品が売れてから配送方法を変更することも可能です。配送方法を「未定」や「定型・定形外」にしていたけれど、ゆうゆうメルカリ便や、らくらくメルカリ便に変更したいときは、取引画面から変更を行ってください。その場合は匿名発送になりませんので注意が必要です。	A4サイズ、厚さ3cm以内、重さ1キロ以内の荷物が、全国一律200円で送ることができます。ラベルを貼る都合上、最小サイズが縦14cm、横9cmです。この制限より小さなものでも、厚紙などで縦12cm、6cm以上の大きさの送り状貼り付け個所を付ければ、差し出すことができます。郵便局ではサイズを確認してもらえますが、コンビニではサイズ計測しないため、規定サイズになっているかよく確認してください。
ゆうパケットプラス	厚さ7cmまで対応しており、おもちゃや、厚みのある雑貨、食器など、小さくて、厚みのあるものを送るのに便利です。	郵便局、ローソン、メルカリストアで販売している専用箱(65円)に梱包します。郵便局またはローソンから発送が可能です。商品が売れたら、専用箱に梱包し、取引画面でどこから発送するのか選択して、サイズのところを「ゆうパケットプラス」にしましょう。そのあとの流れは、ゆうパケットと同じです。	65円で専用箱の購入が必要です。箱のサイズは縦24cm、横17cm、厚さ7cmです。重さ2キロ以下。A4サイズより小さいですがその代わり厚みのあるものを送ることができます。配送料金は全国一律375円です。専用箱と配送料、合計で440円必要になります。
ゆうパック	A4サイズを超えるような厚みがある衣類、靴、カバン、電化製品や大量の食料品などを送るときに便利です。梱包材を含めた縦、横、高さの合計により送料が異なります。配送地域によって金額は変わらず、全国一律料金です。	梱包材に決まりはありません。スーパーやドラッグストアでもらった段ボール箱や、紙袋、、衣料品を買った時などの丈夫なビニール袋でも大丈夫です。箱に入った電化製品などは、緩衝材(プチプチなど)で梱包し、発送することも可能です。郵便局、ローソンから発送できます。商品が売れたら梱包し、取引画面でそこから発送するか選択したら、サイズのところを「ゆうパック」にしましょう。そのあとの流れは、ゆうパケット、ゆうパケットプラスと同じです。	縦、横、高さの合計が60cmで700円、80cmで800円、100cmで1000円です。 重さは一律25キロです。

③らくらくメルカリ便

らくらくメルカリ便は、メルカリと、ヤマト運輸が提供するサービスです。荷物のサイズによって、「ネコポス」「宅急便コンパクト」「宅急便」の3つの種類があります。あて名書き不要、匿名配送可能、対応サイズが幅広い、全国一律料金、配送状況確認、補償付きなどのメリットがあります。

● らくらくメルカリ便

サービス名	概要	送り方	サイズ・重量・料金
ネコポス	薄手の衣類、CD、DVD、スマホケースなど、厚さ3.0㎝以内の収まる小さなものを送るのに便利です。	ヤマト運輸、ファミリーマート、セブンイレブン、宅配便ロッカーPUDOから発送ができます。梱包材に決まりはありません。サイズに気を付けて梱包をしたら、取引画面より発送の場所を選びます(ヤマト営業所、コンビニのどちらか。ネコポスに集荷はありません)。次にサイズのところを「ネコポス」にして、2次元コードを表示させます(セブンイレブンはバーコードが表示されます)。ヤマト運輸の場合は、ヤマト運輸の営業所内にある「ネコピット」に2次元コードをかざせば伝票が出てきます。これを営業所の方に渡せば手続き完了です。コンビニはファミリーマート、セブンイレブンで手続きすることができます。ファミリーマートの場合は、店舗内にある「Famiポート」で2次元コードをかざすと、レシートが出てきます。レシートと商品をレジで渡しましょう。セブンイレブンの場合は、配送用バーコードを表示させ、レジで読み込んでもらいます。宅配便ロッカーPUDOを利用する場合は、PUDOステーションの画面の「発送」をタッチ→2次元コードを読み取り機でスキャン→日付指定なしを選択→荷物を預けるボックスの選択→荷物をボックスの中に入れて扉を閉める→完了画面が表示されたら手続き完了です。	A4サイズ、厚さ2.5㎝以内、重さ1キロ以内で、料金は全国一律175円です。長封筒でも利用できます。料金は売上金から差し引かれます。
宅急便コンパクト	子どものおもちゃや雑貨、日用品など、3㎝を超え、5㎝以内のものを送るのに便利です。	ヤマト運輸またはメルカリストアで販売している専用箱(70円)に梱包します。取引画面より発送の場所を選んだら、サイズのところを「宅急便コンパクト」にして2次元コードを表示させます。(セブンイレブンはバーコード表示)そのあとの流れはネコポスと同じです。宅急便コンパクトは集荷が可能です。(集荷料金30円)その場合は発送の場所を選ぶ際に「ヤマトの集荷サービスを利用して発送」にしてください。	箱のサイズはA4サイズ(縦34㎝、横24.8㎝)厚さ5㎝です。重さに上限はありません。料金は全国一律380円です。専用箱と配送料、合計で450円必要になります。料金は売上金から差し引かれます。
宅急便	A4サイズを超えるような厚みがある衣類、靴、カバン、電化製品や大量の食料品などを送るときに便利です。梱包材を含めた縦、横、高さの合計により送料が異なります。60㎝〜160㎝まで幅広く対応しているのが魅力です。配送地域によって金額は変わらず、全国一律料金です。	梱包材に決まりはありません。できるだけ小さくしたほうが送料は安いので、大きすぎる段ボール箱は商品に合わせて加工したほうがお得です。取引画面より発送の場所を選んだら、サイズを「宅急便」にして2次元コードを表示させます(セブンイレブンはバーコード表示)。そのあとの流れはネコポス、宅急便コンパクトと同じです。こちらも集荷が可能です。PUDOの利用もできますが、ロッカーの最大サイズが縦44㎝、横55㎝、奥行き37㎝となりますので注意が必要です。	配送場所にかかわらず、全国一律料金です。三辺合計60サイズ2キロ以内700円、80サイズ5キロ以内800円、100サイズ10キロ以内1000円、120サイズ15キロ以内1100円、140サイズ20キロ以内1300円、160サイズ25キロ以内1600円。料金は売上金から差し引かれます。
梱包・発送たのメル便	テレビや冷蔵庫、タンスなど大きなものを送るときに便利なサービスです。対応サイズも幅広く、お家で待つだけで、梱包から発送まで行ってくれます。ガラス製のテーブルや、精密品、ピアノなどの楽器類は対応していないので注意してください。	梱包は集荷業者さんがしてくれるので不要です。取引画面で集荷日時の調整、集荷依頼をしたら、事前連絡が来るまでお待ちください。梱包用品の準備なしで大丈夫です。	80サイズ1700円、120サイズ2400円、160サイズ3400円、200サイズ5000円、250サイズ8600円、300サイズ12000円、350サイズ18500円、400サイズ25400円、450サイズ33000円。

5　評価について

メルカリの場合、出品者、購入者がそれぞれお互いを評価する評価制度というものがあります。この評価は、お互いが評価を終えるまで見ることはできません。ですから相手の評価に合わせてこちらが評価を付けたりすることはできません。

メルカリではこの評価を気にする人が多くいますが、取引を丁寧・誠実・迅速にやっていれば、基本的に問題はありません。

評価は「良い」「普通」「悪い」の3種類があります。

メルカリでは神経質な人も多いので、取引していく過程で、ちょっとこの人神経質っぽいなと感じたら、より丁寧に接することを心がけてください。些細な行き違いで、「悪い」の評価を付けられることも実際にあります。特に女性はこの評価を気にする傾向にありますが、付けられた評価は、よほどのことがない限り運営側も変えてくれることはないので、気にせず次の取引に進みましょう。

6　もし、トラブルになったら?

メルカリは個人間の取引なので、写真と違う商品が届いたり、説明欄に書いていないような状態の商品が届いたりということが、希にあります。そういう場合には返金の対象になりますので、まずは届いた商品をしっかりと確認することが大事です。

商品を確認して**納得するまで決して評価はしない**でください。

お互いの評価が完了していない状態であれば、メルカリ運営事務局が仲介してトラブルを解決してくれます。

しかし、お互いの評価が終わった後ですと、メルカリ運営事務局側も取引が終わったものと判断しますので、その後の対応は、お互いの個人間で行わないといけなくなります。

そうなるととても面倒になりますので、必ず商品を確認して納得してから評価をしてください。たとえば粗悪品が届いた場合でも、相手が認めない時もあります。そんな時はメルカリ運営事務局に相談してください。運営事務局はお互いのやりとりを見て、仲介に入ってくれます。

そのための準備として、まずは取引の相手にどういう状態の商品が届いて実際の商品とどう違うのかをできるだけ詳しく伝えてください。その上で、「返品したい」ということを明確に相手に伝えて、先方の合意を得るようにします。

この状態で素直に応じてくれる出品者もいますし、中には何かしらの理由をつけてきて応じない出品者や、返答をしてくれない人もいます。そういう場合は、メルカリ運営事務局に連絡して、仲介の依頼をしてください。後は運営事務局からいろいろ指示がありますので、それに従うようにしてください。

問い合わせしたい内容を選んでクリックして下さい

14:00 10月2日(金)
お問い合わせ項目を選ぶ
はじめての方へ
お問い合わせ項目
取引中の商品について
取引前の商品について
キャンセル・削除された商品について
禁止出品物・禁止行為について
メルカリ・メルペイのお支払いについて
メルペイの設定・登録・その他メルペイについて
クーポン・キャンペーンについて
アプリの使い方やその他
公式Q&A「メルカリボックス」で今すぐ解決
解決策を検索または質問する
ホーム お知らせ 出品

ここからは問い合わせはできない

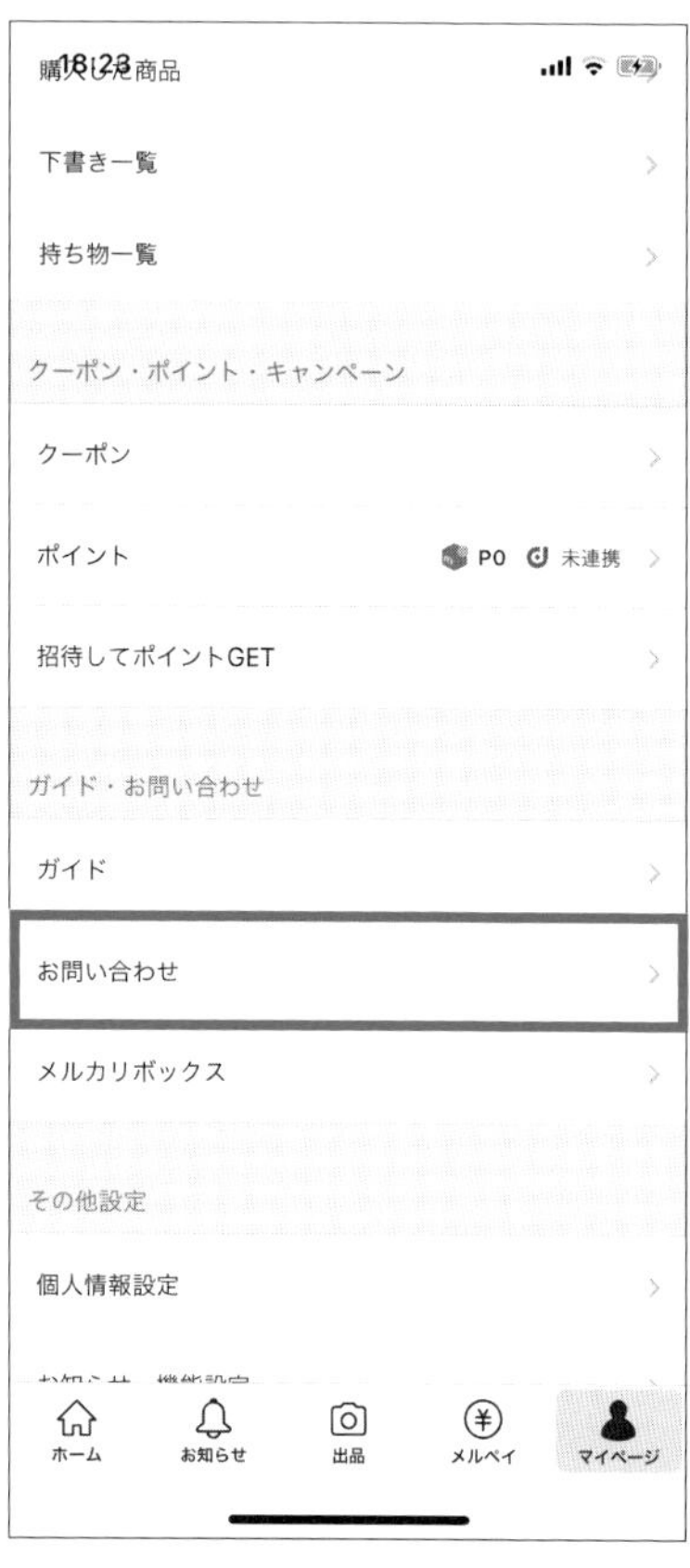

第4章

毎月5万円を安定して稼ぐために

メルカリで売る商品を仕入れして、副業として月5万円の収入を確保しよう

4-01

Ａｍａｚｏｎから仕入れる

https://www.amazon.co.jp/

毎月安定して5万円稼ぐためには何が必要だと思いますか？
安定して利益を上げるために必要なものは、仕入先です。
不用品だけでは、出品する商品がなくなってしまいます。この章では、どこから仕入れて、どうやってお金に変えていくのかのノウハウをお話していきます。

Ａｍａｚｏｎの商品には値段が安く、送料無料で届くものもたくさんあります。その特性を生かして、Ａｍａｚｏｎで購入したものをメルカリで販売することもできます。

Ａｍａｚｏｎ仕入れ↓メルカリ販売です。商品は差額があれば何でもいいのですが、お勧めは小さいものが良いですね。そして、Ａｍａｚｏｎでの相場が分からないものなどもお勧めです。

特に【ノーブランド】と言われるものは、中国からの輸入品が多く、安価なものもたくさんあります。その中でもアクセサリー関係やスマホ関連のグッズは定番です。

しかし注意しなければいけないのは、質の悪いものも、中にはあるということです。ですから、一度手に取って確認することをお勧めします。Ａｍａｚｏｎの商品を直接お客様に送ることは違反です。メッセージやコメントにそれが分かる内容を書かれてしまうと、一発でアカウントが止まりますので、気を付けてください。

また、トレーディングカードも良く売れます。Ａｍａｚｏｎには新品、中古とも程度の良いものも多いので、クレームにもなりにくいです。送料が安いのも魅力的ですね。

季節に合ったコスプレの衣装もＡｍａｚｏｎにはたくさんありますし、メルカリの客層にも合いますので、お勧めです。特にハロウィンの季節などは、爆発的に売れます。

メルカリでの販売の場合、無在庫販売は禁止なので、Ａｍａｚｏｎで仕入れたものは一度自宅に送り、それから、写真を撮って販売してください。Ａｍａｚｏｎの写真を流用する人もいますが、無在庫販売かと疑われてしまうので、自分で撮った写真を使ってください。

Ａｍａｚｏｎには本当にたくさんの商品があります。その中でも仕入れに向いている商品はぱっと見で値段が分かりにくいものです。

メルカリは若い女性も多いので、そこを意識して販売すると売り上げをアップしやすいです。また、裏技的に男性の小物類もかなり売れます。

4-02

Qoo10から仕入れる

https://www.qoo10.jp/

Qoo10はeBayが運営しているモール型ECサイト（ネット上の商店街）です。商品のラインナップは安価なファッション系が多く、中国からの仕入れ商品も多く、若い女性にはピッタリですね。

しかし、買い手からの注文が入ってから輸入するセラー（売り手）もありますので、商品到着まで2～3週間かかることが多々あります。そのようなセラーを見分ける方法として、これまでのレビューを見ることをお勧めします。商品の到着に時間がかかることがすぐにわかります。

Qoo10の最大の特徴として、ポイント制度がありません。その代わりにクーポンがあります。このクーポンがかなりの値引き率なのでとってもお得なのです。

クーポンでの値引き分を上手く使って、利益につなげてください。ただし、中国輸入が多いので、偽物の可能性もあります。リスクを避けるためにも高価なものを買うのではなくて、安価なノーブランドの商品を仕入れ、メルカリで売るようにしましょう。

中国輸入商品の特徴として、アパレルなどの服はサイズが少し小さめなのを覚えておいてください。日本の感覚だとワンランク上のサイズを注文する方が確実です（商品差はありますが）。

5月の
大感謝祭
5/10 火 ▶ 5/15 日
毎日00時 先着5,000枚!
CART COUPON 500円 GET!
カート3,000円以上ご購入の際
CART COUPON 1,000円 アプリで GET!
カート6,000円以上ご購入の際
CART COUPON 5,000円 GET!
カート30,000円以上ご購入の際

1,000円
CART COUPON
7,000円以上ご購入の際
2,000円
CART COUPON
15,000円以上ご購入の際
3,000円
CART COUPON
25,000円以上ご購入の際
10%
CART COUPON
2,000円以上ご購入の際
最大7,000円割引

Qoo10
an eBay company
父の日特集 グッとくる素敵なギフトを贈ろう。
NATURE REPUBLIC
初回限定「ウェルカム割」
除菌99.9%
ハンドジェル
1+1特価
送料無料【399円】
ランキング
人気返礼品

4-03

農家から仕入れる

この方法は、農家の知り合いなどが必要です。もし、周りにそういう人がいないのでしたら、道の駅などで商品を売っている農家などに直接コンタクトしてみてください。

メルカリで野菜や果物を売るということに驚く人もいるかもしれませんが、実はかなり売れます。農家から、形が悪かったり、小ぶりということで売れなくなっているものを頂いたり、安価で分けてもらったりして、メルカリで販売します。

たとえば、お一人様用の1週間分の献立と一緒に野菜を段ボール箱に入れて販売するのも良いでしょう。

実際にこの手法で1日に7万円の利益をあげた人もいます。意外なところにチャンスはありますので、身内の方などに農家の知り合いがいないか、一度訊いてみてください。

4-04 無料のものから仕入れる

無料のものでも売れるの？　と驚く人がいますが、元が無料でもメルカリで売れるものはたくさんあります。ここではその代表的なものをいくつか紹介しましょう。

どんぐりや松ぼっくり（松かさ）

松ぼっくりはクリスマスシーズンにはとてもよく売れます。玄関などに飾るリースなどを手作りする人が多いからでしょう。海や川付近の防風林として、松の木は多いですし、全国どこでもありますので、簡単に集めることができます。

私も子供と宝探しの様に遊びながら集めたことがあります。すぐに百個近く集まりました。大きな木のほうが、大きい松ぼっくりがある気がします。たくさん集めてくださいね。

松ぼっくりは、中に虫がいる場合がありますので、一度煮沸して、天日干しをしてから出品してください。１００円均一ショップなどで売っているアクリル絵の具で色を塗ってアレンジするのも良いですし、リースにして売れば、より高単価で販売できます。

ホットペッパー

これ、意外と知らない人が多く、話すと驚かれるのですが、実はおいしい商材です。

特に**地域ごとに出ている人が違う**のが、売れる要素です。欲しくてもその地域にいない人は手に入らないですからね。ですからメルカリで買うのです。ホットペッパーは、表紙に有名人の起用も多く、人気のタレントさんのも多くあります。

街角に置かれているフリーマガジンも仕入れ対象になりますので、注意して見てください。

仕入れはタダなので、どんどん出品して、検証を重ねてください。

山苔

苔とか信じられないかもしれませんが、ちゃんと売れます。種類で言うと、『ホソバオキナゴケ』などが、盆栽用として人気です。全国で、群生しています。木の根元に広がるように生えています。クリアなプラスティック容器に入れて配送してください。

流木

これは水槽に入れたり、オブジェにしたりと、使用用途はさまざまです。流木の場合形はほぼ1点ものですので、今売れている形をリサーチして、同じような形のものを販売すれば、確実に売れます。流木は綺麗に洗って、天日干しをしてからビニールで梱包します。

ダムカード

普通のパンフレットと一緒に「ご自由にお持ちください」と置いてあるユルいダムもあれば、係員に「ダムカードをください」と声をかけなければ、入手できないダムもあります。

さらには、複数のダムカードを入手し、あるダムへ持っていかなければ入手できないというとてもレアなダムカードもあります。

とはいえ、ダムカードを入手することができるのは「国土交通省が造ったダムに限る」ので、注意してくださいね。更に建設中のダムカードと完成後のダムカードがあり、建設中のダムカードは**完成したら手に入らなくなる**ためにレア度が増します。

来場者特典

映画館に封切りの映画を見に行くと、『来場者特典』というものをもらえます。

実はこれ、1度きりの配布ではなく、同じ映画でも見に行くタイミングで、いろいろな種類の特典をもらうことができます。これが、映画チケット代以上に高値で売れたりします。

多種の来場者特典があり、その場、その時に行かないともらえないものなので、高値になりやすい傾向があります。イベントや何かに参加するときでも、メルカリで売る視点で見てみると今まで見えなかった商材が見えてきます。

SOLD

WUG Festa.2016 SUPER LIVE 来場者特典DVD

いいね! 1　コメント

商品の説明

4-05 ジモティーから仕入れる

ジモティーというアプリ（Ｗｅｂもあります）があります。http://jmty.jp/。ご近所さんが不要になったものなどを無料で譲ったり、安価で販売するコミュニティーです。商品の受け渡しは基本的に手渡しが多いです。無料でもらえるものでも結構良いものがあります。

私も以前にまだ使えるキャノンのプリンターを５００円で購入させて頂きました。

個人間の取引なので商品の検品はショップほど厳密ではないかもしれませんので、きちんと事前に質問をして、納得してから取引をしてください。ジモティーのコツは、出品されている商品だけを取り引きするのではなく、出品以外のものでもほかに良さそうなものがないか事前に訊いておくことです。また、個人間の取引なのでトラブルには十分気を付けてくださいね。

市の広報や掲示板を使う

市役所や区役所は通常、広報を発行しています。小冊子になっていたりして、そこの近辺のお店の案内やサービスの紹介など、地域の活性化を目的に発行されているものです。

月に一回とか発行されていますよね。その中に『あげます、売ります』みたいな欄を見たこと無いですか？　ありますよね。または市役所や区役所の掲示板にも同じようなものが書いてあると思います。柱とか掲示板などに付箋で貼ってあったりします。

たいていどこの役所にもあると思いますので、サービスセンターで訊いてみてください。

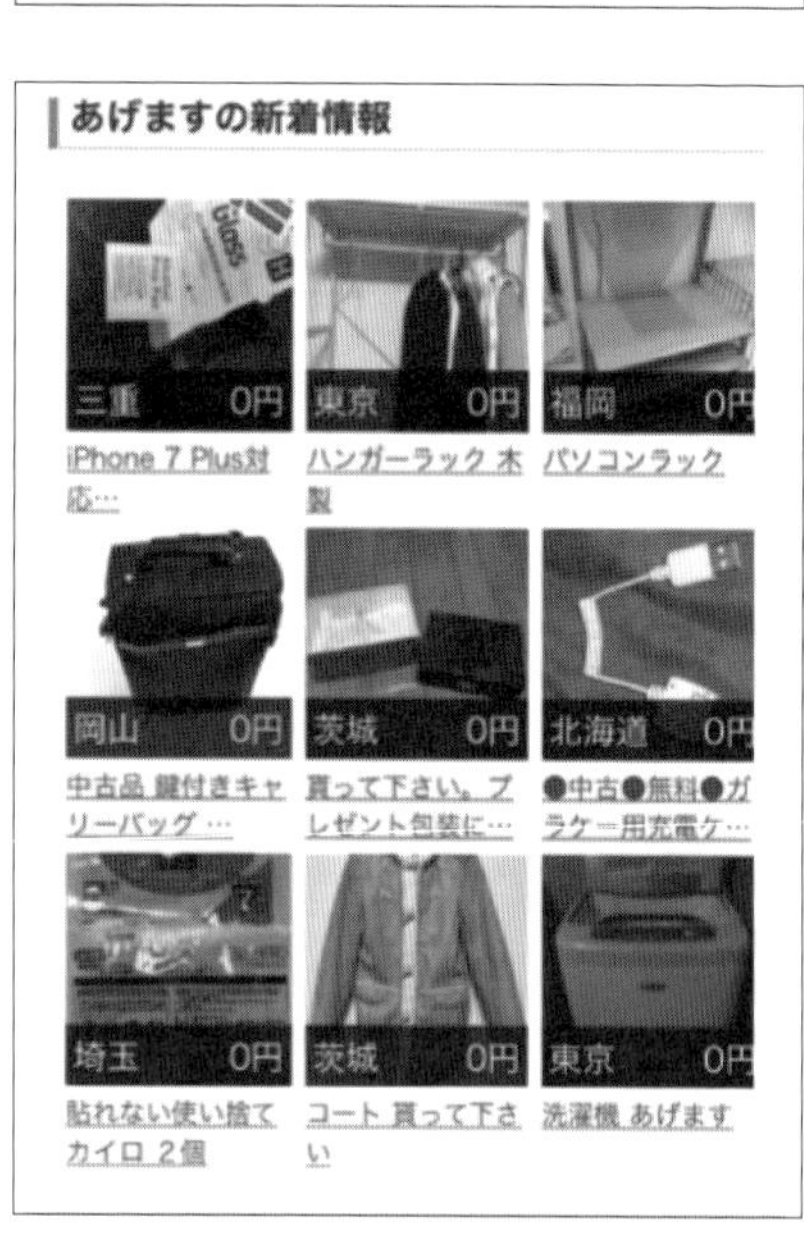

広報の小冊子は、隅々まで読む人は多くないと思われます。また、知っていても利用したことがない人が殆どじゃないでしょうか？　せっかくのサービスなので、利用しないともったいないですよ。

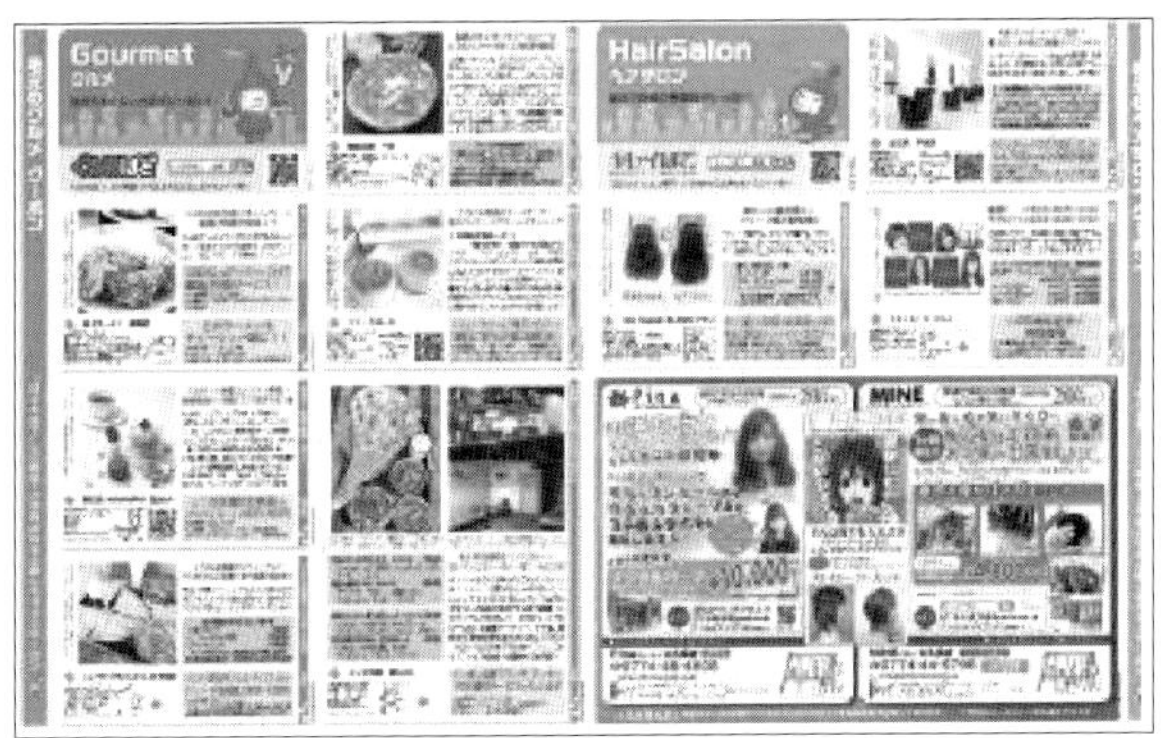

4-06 卸から仕入れる

昔は卸から仕入れるためには現金がたくさん必要だったり、そもそも何処に卸の会社があるのかさえわかりませんでした。今はインターネットの普及により、【ネット卸】というものがあります。このネットの卸というのは、登録するときに多少の審査はありますが、個人でもできる所も多数存在します。登録自体は無料でできますので、まずはたくさん登録してその中から仕入れる商品を探してみましょう。

NETSEA　https://www.netsea.jp/

ネット卸の中でも比較的申請もゆるく、さまざまな商品があります。ゲリラセールをやっていたり、クーポンが出ていたりと、初品者にも優しい仕組みが多くあります。

SMASELL　https://www.smasell.jp/

このサイトは、アパレルとかファッション系が多い感じですが、クーポンなどが発行されていて、とても使いやすいです。仕入れる商品も1点からでも大丈夫ですし、1個の商品の値段が100円以下のものもあります。

問屋 国分ネット卸　https://netton.kOKubu.jp/shop/default.aspx

こちらのサイトは、主に食料品（飲料、お菓子お酒、お米など）に特化した卸となっております。何回か仕入れをして信用がつくと、掛売りでの取引も可能になります。

TEN TO TEN-MARKET　https://www.tentoten-market.jp/

アパレルや雑貨、食品などほとんどのアイテムが1点から仕入れが可能です。世界各地のクラフトアイテムやハンドメイドの商品など珍しいものが揃っています。最近のトレンドや、シーズンごとのコンテンツや特集などが組まれて、とても親しみやすいサイトです。

上海問屋　https://www.dospara.co.jp/5donya/

ドスパラが運営するパソコン周辺機器に特化した卸のサイトです。価格も非常に安く、個人で小売から購入しているイメージです。楽天ペイなどの電子決済も使えるため、溜まったポイントの消化にもいいですよ。

ネット卸は、探せばまだまだあります。『ネット卸』などのキーワードで検索してみてください。

4-07 海外から仕入れる

海外のサイトから仕入れる場合には、料金面から考えても中国のサイトから仕入れるのがお勧めです。納期は遅めですが、送料が無料のものや、安価なものも多数あります。

実際にメルカリで売られているものの多くの類似品が、販売されているのをよく見ます。以前は中国の製品は、質が悪いというイメージがあったかもしれませんが、最近は品質もかなり向上しており、粗悪なものは少なくなってきました。

外国語が苦手な方は、今はＧｏｏｇｌｅ翻訳などで比較的簡単に日本語に翻訳することができますので抵抗なく仕入れることができます。今回は代表的なサイトを３つだけ挙げておきます。

1688(阿里巴巴)　https://www.1688.com/index.html

このサイトはどちらかと言えばＢ to Ｂのイメージです。１個単位で商品を買うのではなく、まとめてロット買いするイメージです。その代わり価格は一番安いです。

タオバオ淘宝網　https://world.taobao.com/

このサイトはアリババ（阿里巴巴）の子会社で、Ｃ to Ｃのイメージです。日本では楽天などのイメージに近いです。アリババよりは値段が高いですが、商品は小ロットで買うことができます。同じ商品がタオバオ内の多数のショップで販売されていますが、なぜかクオリティはまちまちです。信頼できるショップのひとつの基準として、涙マーク横の王冠の数が多い方が信頼できるショップです。

アリーエクスプレス　https://ja.aliexpress.com/

このショップは、中国のモールサイトですが、始めから日本語で表記されていてとても使いやすいです。商品は1個からでも購入することができます。送料が無料のショップもありますし、商品自体もとても安いので、初めての方には、一番使いやすいかも知れません。ただし、商品が手元に到着するまでには2週間から3週間かかります。

まずは海外のサイトから仕入れてメルカリで販売するということに慣れてくださいね。

COLUMN

本書読者限定　無料特典プレゼント

本来なら有料セミナーでお渡ししているマニュアルを特別にプレゼントいたします。

これを手にすることで、私の教え子と同じように稼ぐことが可能になります。

❶ 0円でも億万長者

❷ 誰でも初月から10万円稼ぐ具体的な方法

❸ ノーリスクで即金・無料なのにこんなに儲かっていいんですか?

❹ ポイント2重取りの嬉しいサイト公開

❺ 知らないあなたは大損!　楽天ポイントの仕組み

アクセス方法

こちらのQRコードを読んでご登録ください。パソコンからは、こちらのURLからでも登録可能です。

https://lin.ee/9zJPMDO

第5章

より多く売るための裏技

メルカリのプロが行っている現役裏技20

5-01

売れる商品をもっと売れる商品にする

この章からは他では絶対話さない、より多く売るための裏技を紹介します。メルカリの内容や規約を良く理解したうえでこの章の内容を実践して頂くことにより、自分では想像もできなかったような売上を上げることができます。

たとえば、売上をより多く伸ばそうとした場合、多くの人は複数の商品を販売しようと考えます。しかし、違う種類の商品では、売れるものと売れないもののばらつきがでてしまいます。その結果、より利益を上げようとして、さらに複数の種類の商品販売を試みるでしょう。

しかし、売上をアップすることだけを考えれば、一番売れる商品のみを何回も出品するのが最も効果的だということに気が付くはずです。ここでひとつ問題があります。メルカリでは同じ商品を複数出品することは規約上禁止されています。ですが、同じ商品でも見せ方を変えることで「違う商品」ということになります。分かりやすく言うと一番売れる商品の見せ方を変えて複数出品することが一番売り上げをアップする方法だということです。

そのためには一番売れる商品が同じ商品だと思われないようにすることが大切です。わかりやすい例を挙げます。左の画像のみかん、実はすべて同じみかんです。ですが見せ方を変えることにより違うみかんに見えるわけです。この4つのみかんの違いがあなたにはわかりますか？

①

②

③

④

①～④番のみかんは同じみかんなのですが、見せ方が違います。

たとえば①番のみかんを選ぶ人はどういうみかんを欲しがっているのでしょうか？

答えは新鮮なみかんですよね。刈り取る前のみかんを見せることによって「もぎたてのみかんをお届けします」というのを訴求ポイントとしています。

では②番のみかんを欲しがる人は、どんな人でしょうか？

粒の大きくて形の揃っているみかんを欲しがる人は②番のみかんを選びます。

では③番のみかんを欲しがる人はどんな人でしょうか？

みかんの形や大きさよりも数をたくさん欲しい人が③番のみかんを選びます。

では、④番のみかんを欲しがる人はどんな人でしょうか？

とてもジューシーで甘いみかんを欲しがる人が④番のみかんを選びます。

いかがだったでしょうか？　同じみかんでも見せ方を変えることにより違う商品に見えるわけです。人が欲しがるポイントは実にさまざまです。欲しがるポイントを的確に理解して、そのポイントに合った写真や説明文を工夫することにより、売れる商品がより売れる商品へと変わっていきます。

メルカリでは多くの方がトップ画像で判断するので、トップ画像にどの写真を持ってくるかで、伝わりかたも大きく変わります。売上を大きく伸ばしたいのであれば、売れない商品を売るのではなく、売れる商品を何個も売るのが正解です。その結果、今まで得られなかったような大きな売り上げを得ることができます。

5-02 セットにしてより多く販売する

同じひとつの商品を違う商品にするというのは、見せ方を変えるだけではありません。単純にいくつかの商品を組み合わせてセットにすることによって違う商品へと早変わりします。セット化というのは、異なる商品を組み合わせるのももちろんですが、同じ商品の2個セット、3個セットを作ることによっても違う商品へと早変わりします。さらにこのやり方の良い点は、複数商品を持っている場合、一度に複数の商品が売れていくというところです。

例を挙げると、マリオとルイージをセットで販売してもいいですし、ルイージだけ単体で販売してもいいですよね。さらには子供用の衣装と一緒に組み合わせて家族全員でハロウィンの仮装パーティーの衣装を一気に揃えるということもありだと思います。

図69

また、裏技的な売り方としてセットでトップの画像を作っておいて販売するのはどちらか一方という方法もできます。図69のように今回売っているほうに丸をつけてお客様さんにこちらの商品を売っていますと認識してもらう方法です。

5-03 クーポンを意識して販売する

メルカリでは不定期ですが、5％オフのクーポンや300円引きのクーポンなどを運営側が発行しています。もちろんそのクーポン使って自分で買いものする時はとても安く商品を買うことができます。逆に販売者の立場からすると、そのクーポンに合わせた値段の商品価格を設定することによって、より商品が売れやすくなります。

一例を挙げると、今まで単体で売っていた商品をクーポンの出ている期間にセットのカタログに変えてひとつの商品の商品単価を高くします。

その結果お客様は複数の商品に、まとめてクーポンを使うことができるようになるのでお得感が出ます。つまり購入に繋がるということです。

また別の例を挙げると300円クーポンや500円クーポンが出ている時というのは商品の値段をその300円や500円にすることによってお客様はただで商品を手に入れることができます。クーポンは無料でもらったとはいえ使わないと損した気分になるものなので、そのクーポンが使いやすい価格設定にあえて合わせていきます。よって端数をあえて作らないということでお客様の購買意欲が働きます。その結果より商品が売れます。

以下のクーポンがご利用できます

5%

5%OFFクーポン

■クーポン名称
5%OFFクーポン
■使用可能条件
対象カテゴリー：「メルカリ内のすべて」のカテゴリー
上記カテゴリーの他、「メルカリストア」で使用可能
使用可能商品価格：¥3,000以上
最大割引金額：¥10,000
※1回限り使用可能
※クーポンはWeb版ではご使用いただけません、アプリ版でのみ使用可能です。

[有効期限]
2018/12/31 23:59

P999

¥999分のクーポン(ポイントバック)

[有効期限] 2019/10/29 23:59

条件詳細を見る　商品を見る

買った or 出品して売れた

10回以上	1,500円分クーポン
9回以上	1,200円分クーポン
8回以上	1,000円分クーポン
7回以上	800円分クーポン
6回以上	600円分クーポン
5回以上	400円分クーポン
4回以上	300円分クーポン
3回以上	200円分クーポン
2回以上	100円分クーポン

5-04 思わず書いたくなる瞬間を意図的に作る

ここで紹介する方法は非常に強力です。あなたに質問ですが思わず買いたくなる瞬間というのはどういうものがあるでしょうか？　人は緊急性に迫られると、とっさに行動してしまう性質があります。たとえば『残り1個』こうタイトルに書いてあったらどうでしょうか？　他の人に奪われてしまうのではと焦り、つい買いたくなってしまいませんか？　ですがよく考えてみてください。メルカリで不用品を売るときは実はほとんどの場合がはじめからひとつしかないことが多いのです。でもあえてタイトルにこう書くことにより、緊急性が増して商品の売れ行きが良くなります。

まだまだたくさんあります。たとえば『週末限定セール』これはどうでしょうか？　相手の見たタイミングが日曜日の夜だったりすると、月曜日になってしまうと値段が元に戻るという焦りが生じ、緊急性から商品が売れやすくなります。

さらには先程の残り1個にこう付け加えてみます。『人気商品再入荷 残り1個です』

このように書くことで「この商品は人気があるんだ。今買わないと売り切れてしまうかも」と相手に思わせ、商品の売れ行きが良くなるわけです。

あとは『即購入可』と書くことにより、コメントが減り、即時に購入する人が増えます。

『前回わずか5分で売り切れた商品』この書き方もとても人気がある商品であるということを相手に認識させることができます。この記述と組み合わせて『残り1個』などと説明文に書いてあると、見た人は「自分が知らないだけでとても人気がある商品なのかも。じゃぁ、売り切れる前に買っておこう」という心理が働くわけです。

『送料無料』を記載することにより、お客様は安心して商品を買うことができます。

『48時間限定価格』これにより、その時間が過ぎれば値段が上がるという焦りの心理が働き、購買欲が増します。

訴求力を高めるために、これらはタイトルだけでなく説明文にも入れましょう。さらには画像の中に文字として入れることにより、パッと見た時の視認性が上がり商品が売れるようになります。特に画像に文字を入れることは、ほかの商品との差別化も図れるので、是非とも試してみてください。

5-05 コメント機能を逆利用して売りまくる方法

メルカリには「いいね」を付ける機能やコメントを付ける機能があります。特に「いいね」を付ける機能は、気に入った商品をお気に入りに登録するような感じで使われるので、「いいね」が多いほど購入予備軍の人数も多いということです。人によって「いいね」を付ける理由はさまざまですが、もっと安くなったら買おうという人も結構います。つまり「いいね」がたくさん付いているということは、商品にとってひとつの売れる指針になるわけです。そして、商品にコメントが付いたときに「いいね」をしている人たちにコメントが入ったという通知が届きます。

そこで、その通知を逆利用するわけです。お客様は気になっているから「いいね」を付けているわけでその商品がより安く値引き交渉されていたり、誰かに買われてしまうということをコメントから知るわけです。その結果「奪われたくない」という思いが購買心を促進させます。

ということはよりたくさんの「いいね」をもらい、コメントも多く付けられるように本文を書くことで、「いいね」をした人によりたくさんの通知が届くということです。

「いいね」をたくさんもらう方法は、別の章（149ページ）で説明しているので割愛します。ここではコメントをより多くもらえる方法を解説します。

その商品を買いたいと思う人が気になるポイントをあえて書かないというのもひとつの手です。その時に「ご質問はお気軽にコメントからしてください」というような一文があると見た人が気軽にコメントがすることができ、効果的です。

あとは複数サイズであったり、違うカラーのものをひとつの商品ページで紹介して、希望のサイズをコメントに書いてもらったり、好きなカラーをコメントで書いてもらったりして、そのページでは売らずに、欲しいという人が現れた時には別の専用ページを作って売るというのも効果的です。

なぜかと言いますとその「いいね」が付いているページというのはそれだけお客様がたくさん付いているページなので、そのページで売ってしまうともったいないわけです。一度売れてしまうと今まで「いいね」を付けてくれた人にはもう連絡が取れなくなります。ですから通知を入れるために、あえてそのページでは売らないのです。

そして何度もそのページでコメントをもらうようにするのです。そうすることによってどんどん「いいね」も集まりますし、たくさんの商品を売ることができます。

5-06 〇〇を真似して売りまくる裏思考的な考え方

成功するための秘訣は成功者を徹底的に真似するというのが一般的にも知られています。ではメルカリの中での成功者とはどういう人なのでしょうか？

それは「パワーセラー」と言われる、評価がとてもたくさんある人たちのことです。たくさん売れている商品を見ることによって、なぜその商品がたくさん売れているのか？なぜその人がたくさん売るのか？ということを分析します。

一人二人ではなく、成功している人たちをより多く知ることにより、いろいろな売れるパターンをたくさん知ることができます。タイトルの付け方もそうですし写真の撮り方、文章の書き方すべて売れている人には売れる理由があります。その理由を徹底的に分析して自分の販売に取り入れることにより、今まで以上に大きな成果が得られます。

特にタイトルなどは文字数も少なく表現できるバリエーションも限られていますので、売れている人のタイトルをそのまま運用することにより、より多く検索される可能性があります。真似するところはほかにもあります。たとえばその人がいつ商品を出品したかという出品する時の時間も重要です。メルカリでは新しく出品されたものがトップに表示されてそのタイミングが一番人目に触れるということです。

ということはそのパワーセラーが出品してきた時間は、その出品した商品が一番売れやすい時間帯という可能性があります。

守破離という言葉がありますが、まずは自己流で物事を進めるのではなく、売れている人のやり方を徹底的に真似して守っていくというのが大事です。

我流でアレンジするのはその後です。ですが多くの人が自分の考えだけで進めていこうとします。それではうまく行きません。まずはうまくいっている先輩の知識を徹底的に身に付けることにより、もの凄いスピードで間違いなく知識を付けることができるでしょう。

なぜ売れるのか？　どこが違うのか？　それらを徹底的に分析することにより、あなたの販売力は自然と身に付いていきます。

5-07 今のトレンドを意識する

大きな売上を作るためにはトレンドは無視できません。今まで目立たなかった商品がテレビで取り上げられたことにより、ものすごい売上になることはよくある話です。

しかし、いつもアンテナを張り巡らせているのには大きな労力がかかります。少ない労力で情報を集めるためにはYahoo!リアルタイム検索がお勧めです。

https://search.Yahoo!.co.jp/realtime

Yahoo!リアルタイム検索はツイッターやFacebookなどのSNSで多くつぶやかれた内容が表示されています。それだけ多くの人が注目しているということですよね。

その関連商品を販売することによりほかの商品を売るよりも効率的に販売することができます。ただただ漠然と商品を販売するのではなく、ひと手間かけるからこそ、多くの利益が見込めるわけです。

さらに最近はさまざまなところでいろいろなニュースが出ています。わかりやすいところで言うと、「金曜ロードショーで地上波初登場の〜〜の放送があります」このようなニュースは何度でも目にしてきたはずです。もうわかりますよね、今度の金曜日に多くの人たちが何に興味を持つのかがわかるわけですからその人達が映画を見た後に欲しくなるものを映画が終わった時間帯に出品することにより大きな利益を得ることができます。

これと似たような現象で、たとえば誰かが引退するとか、誰かが事件を起こしたとかそういう芸能ニュースが流れたとします。これも一種のトレンドでワイドショーはそのタレントのことを何度も取り上げることにより、そのタレント関係の商品が急に売れ出したりします。お金を稼ぐというネタは実はいろいろなところに落ちていたりします。

ただただ商品が、番組で取り上げられた結果人気になって品薄になるだけではなく、こういった日常のいろいろなところにアンテナを張ることで今まで何気なく見ていたものが、お金稼ぎのネタになるということを実感していただけるでしょう。

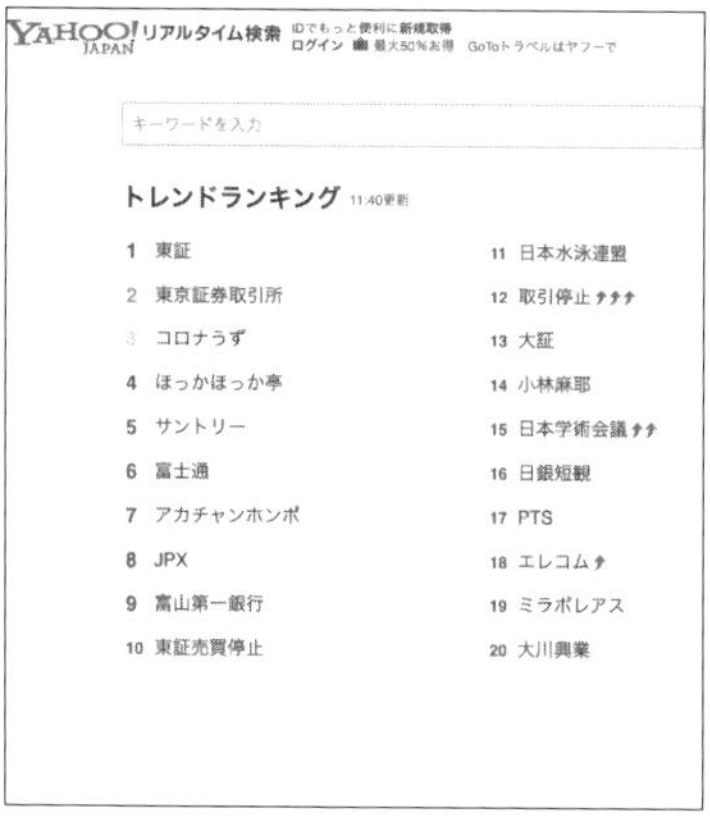

YAHOO! JAPAN リアルタイム検索　IDでもっと便利に新規取得　ログイン　最大50%お得　GoToトラベルはヤフーで

キーワードを入力

トレンドランキング 11:40更新

1	東証	11	日本水泳連盟
2	東京証券取引所	12	取引停止
3	コロナうず	13	大証
4	ほっかほっか亭	14	小林麻耶
5	サントリー	15	日本学術会議
6	富士通	16	日銀短観
7	アカチャンホンポ	17	PTS
8	JPX	18	エレコム
9	富山第一銀行	19	ミラボレアス
10	東証売買停止	20	大川興業

5-08 ショップを専門化する

始めたばかりの頃で不用品などを売っている場合は方法がないですが、自分で仕入れたものを販売していく場合、いろいろなジャンルのものを売るのではなく、自分のメルカリショップを専門店化することによりお客様に安心して買ってもらえる環境を作ることができます。

高価なものを販売する場合は、専門店化の方法は漠然と売るよりも売上が顕著に違ってきます。これはあなたが逆の立場でものを買うこと考えたらわかるはずです。より専門的な知識を持っている人が勧めているものは間違いなく良いものだという考えが自然とお客様に伝わるからです。ですから、全く異なるジャンルの商品を並べて売るのではなく、アパレルならアパレルに特化したショップにし、関連するバックや小物類を販売するというのもお客様はセットで購入してくれる可能性も高くなるのでより効果的です。自分のメルカリアカウントをひとつのショップとして育ててみてください。

5-09 相手の特性を理解して売り上げを伸ばしていく

相手の特性を理解する、ということはその商品を買ったお客様がその後、何に困ってどういう行動をとるのかを考えることにより、ほかの商品との差別化が図れるという方法です。

分かりやすい例を挙げると、合わせやすい服を売る場合は問題ないのですが、合わせにくい服を売る場合など、その服と合うものをセットで売る、もしくは同じ時期に売ることにより、一緒に買ってもらえる可能性がとても高くなるということです。

また別の例では、中古のおもちゃなどの場合、単品でひとつひとつ販売するというのも良いですが、複数の商品をセット組みしてそれらをひとつのケースにまとめて販売することにより、購入者にとっては、片付けが楽になるということでより高く売れることもあります。

次の写真を見てください。

32両ほどあるプラレールですが、2100円で売れています。ですが4両をまとめてケースに入れると1200円で売れています。と言うことは、30両のすべてをケースに入れて販売するだけで、9600円ほどで売れている可能性があるということです。

大きな画像を見る （全3枚）
商品説明を読む

最短2分　今すぐ使える3,000ポイントゲット！

現在の価格	：	**2,100円** （税0円）
残り時間	：	**終了** （詳細な残り時間）
入札件数	：	**7** （入札履歴）

大きな画像を見る （全3枚）
商品説明を読む

最短2分　今すぐ使える3,000ポイントゲット！

現在の価格	：	**1,200円** （税0円）
残り時間	：	**終了** （詳細な残り時間）
入札件数	：	**3** （入札履歴）

5-10 上位表示させる裏技（1）

メルカリの性質上トップページに表示される方が商品はよく売れます。しかし、新しい商品がどんどん掲載されるたびに古い商品はますます下に追いやられてしまいます。その結果トップ表示ができなくなり古い商品は人目に触れなくなります。再出品を行うことによって新たにトップページに表示されて人目に触れるようにはなりますが、再出品をあまり多く行うとメルカリからペナルティーを受けてしまいます。

とはいえ再出品を行わなければ人目には触れないので、売れる確率はぐっと下がります。

ではどうすればよいのでしょうか？

メルカリには面白い法則があって商品価格を以前の10％安くすればなぜかトップページに表示されるのです。これにより再出品をすることなく、トップページに表示されます。そのタイミングで「いいね」が多く付き、売れることもよくあります。ぜひ試してみてください。

5-11 上位表示させる裏技（2）

商品価格を10％安くする方法は非常に効果的ですが、商品代金がどんどん安くなってしまいます。初めにそれを見越してある程度高い値段で出品していても、二回目、三回目となると値段がどんどん安くなってしまいます。では再出品しか方法がないのかというとそうでもありません。実はメルカリでは100円安くするだけで上位に表示することができます。これは一瞬だけ100円安くしてそのあと値段を戻しても同じ効果があります。

ということは商品価格を実質的には安くすることなく、トップページに表示させるという非常に強力な技なのです。しかしこの方法の欠点は何度も通用しないことです。

基本的に私が把握しているところでは、1週間に1度なら上位表示されることが分っています。

ですから、ジャストなタイミングを見計らってこの技を使ってください。そうすることによりあなたの商品はより人目に触れて売れる確率は格段に上がるでしょう。

5-12 よく売れる売れ筋商品を見抜く方法

メルカリでたくさん商品を売るためにはよく売れているものを知る必要があります。

よく売れているものを知る方法としてはメルカリのある機能を使います。

メルカリでキーワード検索した後に【絞込み】というところをタップしてください。

そうするといろいろな項目が出てきますので、一番下にある【販売状況】というところをタップして【売り切れ】にチェックを入れてください。

そうすることにより表示される項目がすべて過去に売れた商品だけになります。その結果、何がどれだけ売れたのかということが分かるようになります。

さらにその商品の売れる価格帯がいくらぐらいなのかも分かります。この「売り切れ検索」によりどういうタイトルや説明文が売れるのかということも分かります。

メルカリでよく売れていることを知ることはとても大事なのでぜひとも活用してください。

5-13 よく売れるプロフィールの裏技

売上を上げるためにプロフィールの書き方やアイコンの写真をどういうものにするのかはとても重要です。メルカリで人口比率が多いのは男性ではなく女性です。ですから女性に好かれる内容にすることが、一番の近道です。

お客様は不安があると商品を買いません。相手にいかに安心感を与えるかということを考えてください。別に自分が女性になる必要はありませんが、相手に好かれることは必須です。

特にアイコンはどういう人柄かを1枚の写真で判断されるのでとても重要です。

ペットなど動物の写真やフリー素材にある女性の写真などを使うことにより、相手に安心感を与えることができます。これもたくさん売っている人がどういうものを使っているのかを分析してみてください。

5-14 よく売れるタイトルの付け方

「4　思わず買ってしまう売れる文章の書き方」（62ページ）でも少し触れましたがタイトルは商品の売上にはとても大きな意味を持ちます。パッと見てどういうものかが分かり、さらには訴求性があるものが一番好ましいです。訴求性があるというのはどういうものがあるでしょうか？前述のものとは違ったものを考えてみましょう。

【おまけつき】【売り切り価格】【シーズンオフ限定価格】【セットで割引】【赤字価格】

など、いろいろありますのでぜひご自分でも考えてみてください。

5-15 「いいね」を利用した禁断の販売方法

「いいね」を利用することによりお客様に通知が届きます。この機能を利用して、売上を上げる方法を紹介します。この方法の肝は**「いいね」が付いたページで商品を販売しない**ということです。分かりやすく言うと、そのページで商品を購入してもらうのではなく、専用ページを作り購入はその専用ページに誘導するということです。

例を挙げると、ある商品の色違いを①、②、③、④、⑤と販売します。そして欲しい人からはコメントをもらって何番の色が欲しいか言ってもらいます。そしてその人専用のページを作り、商品はそのページで購入してもらいます。そうするとはじめにコメントをもらったページでは商品が売れて無いのでまだ残っています。

「いいね」もたくさん付いています。そうやってひとつのページをどんどん育てていくのです。そしてある程度育ったところで中身の商品を全部入れ替えます。はじめに売っていたものが夏物の服だった場合、「いいね」を付けてくれた人たちはその夏物の服が欲しい人もしくは興味がある人ですよね。そういう人たちはその関連商品のサングラスや帽子などを欲しがる可能性があります。

ですから今度はそのはじめのページの商品をサングラスにして色違いの商品を販売します。

こうやってはじめのページでは商品を売らずにどんどん「いいね」を集めることにより、お客様に自動的に通知がいくので、勝手に集客してくれることになります。

この方法は一番はじめのページでものを売らないということがキモなので、説明事項欄に「欲しい方には専用ページをお作りしますので欲しい番号を言ってください。」というような一文を入れておくと良いでしょう。

5-16 商品ページを工夫して売りまくる裏技

メルカリでお客様が商品を見つけて買う方法は二つしかありません。ひとつはトップページに表示されていいなと思って買う方法、もうひとつはキーワード検索をして出てきたページから購入する方法です。特に後者の場合は売れやすいキーワードをどのように設定するのかがとても重要です。キーワードを入れる方法は二つあります。

ひとつ目はハッシュタグを付けてキーワードいくつか羅列する方法です。この方法はあまり多くのキーワードを指定してしまうとアカウントのリスクが高まりますので入れるとしても5個ぐらいにしておきましょう。

(例) 白いブラウスの関連キーワードをハッシュタグで商品詳細に散りばめた例
#おしゃれ #シフォン #白 #ホワイト #ブラウス #ビジネスシーン #秋コーデ #秋服

もうひとつの方法は自然と文章の中にキーワードを入れ込んでいく方法です。見た目も自然ですし結論的にはこちらの方法をお勧めいたします。

（例）こちらの【ヴィトン】のバッグですが、サイズは【シャネル】のバッグと比べて少し小柄です。昔は【グッチ】や【プラダ】も好きで結構持っていたのですが最近は使いやすさと革の手触りでヴィトンを多く持つようになりました。アメリカの女優ジェシカ・アルバさんもプラダのママバックを愛用していましたね。

5-17 売れる商品をさらに売れるように写真を加工する

メルカリで商品を売るためにはトップの画像を工夫する必要があります。これは他との差別化を図るためにもそうですが、自分の商品をより目立たせたり、ズバリどういう商品か一目で理解してもらうためでもあります。そのために画像の加工は必須です。

とは言え、画像に文字を入れたりすることは意外に面倒です。そんなときにとても重宝するのがＬＩＮＥ Ｃａｍｅｒａです。ＬＩＮＥ Ｃａｍｅｒａは写真を撮るだけでなく、撮った写真に文字を入れたり装飾することが手軽にできます。メルカリの場合、売り切れると左上に斜めに帯がかかります。この仕様を利用してあえてその位置にアピールする文字を入れてみましょう。お客様は日ごろからその位置に注意を払って見ているので自然と目がそこにいきます。「送料無料」や「即決オッケー」などの訴求性の高い文字を入れても良いですし、サイズやカラーなどのパッと見どういう商品かわかる内容を入れるのも良いです。

人の目の動きはZ形に動きますので、そこを計算に入れて文字入れをしてみましょう。そうすることで自然と、目に触れて売上も上がってきます。

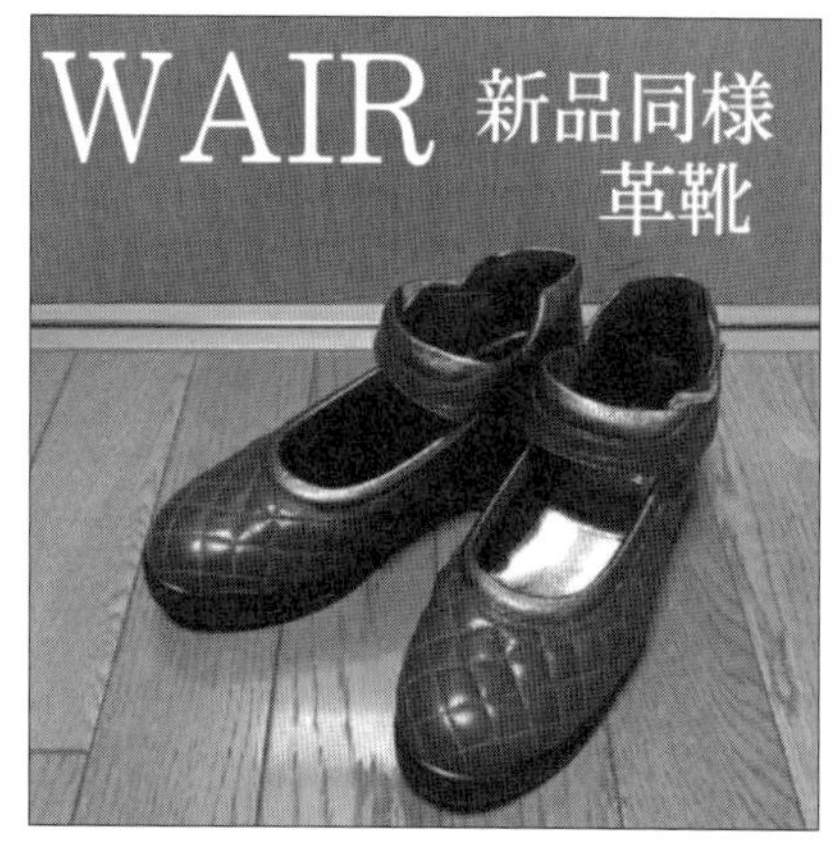
WAIR 新品同様
革靴

美品
【Pruple rain】

5-18 トップセラーが仕入れている仕入先を暴く方法

もしあなたがトップセラーの方と同じ仕入先から、商品を仕入れることができたら稼げると思いますか？　間違いなく稼げますよね。

安い仕入先というのは聞いてもなかなか教えてくれないものです。そこで今回は、ある検索方法を使った仕入先の暴き方を教えます。

その検索方法とはグーグルの画像検索です。１６８８（阿里巴巴）のアプリを使います。

こちらからアプリをダウンロードしてください。

アップルストア

https://apps.apple.com/jp/app/alibaba-com-b2b-%E5%8F%96%E5%BC%95%E3%82%A2%E3%83%97%E3%83%AA/id503451073

グーグルプレイ

https://play.google.com/store/apps/details?id=com.alibaba.intl.android.apps.poseidon&hl=ja

そして、このアプリを起動して、右上のカメラマークをタップします。するとカメラが起動しますので、対象の商品の写真を撮ってください。

試しに右下の商品の写真を撮って出てきた商品がこちらです。

どうですか？　3999円で販売されているこちらのドレス、仕入れ値は何と21・9元（日本円で333円）です。国際送料を考慮しても1つ売れれば、2500円以上の利益になりますね。この方法でどんどんトップセラーの仕入先を暴いてください。後はその商品を実際に仕入れて販売すれば、どんどん売上が増えていきます。

5-19 新品同様未使用品を安く仕入れる裏技

新品同様の未使用品を安く仕入れる方法はいろいろありますが、今回は未使用品というところにフォーカスをしてみます。新品というのは小売店から個人が一度も購入したことがない商品ということになります。未使用品というのは誰も使ったことがないという商品なので、新品=未使用品と思いがちですが、実は少しニュアンスが違います。

もうお分かりだと思いますが、未使用品というものは一度個人の手に渡った商品ですが、一度も使われたことのない商品のことをいいます。

一度個人の手に渡った商品とはいえ、状態は新品と同じなので、とても綺麗な商品です。購入する側からすれば、パッケージなどに痛みがなければ全然気にする程のものではありません。

ではその未使用品をどこで手に入れるかと言いますと、それはリサイクルショップです。リサイクルショップといえば中古品というイメージがありますが、実はリサイクルショップでは未使用品が多数販売されています。個人で購入したり、お祝いなどでいただいたものや、何かの懸賞で当たったものなどさまざまですが、一度も使っていないけれども自分には必要ないというものがリサイクルショップに流れてきます。

さらにはメーカーの叩き売り商品をリサイクルショップが買い取って未使用品として売る場合もあります。こちらは程度の良いものが多く、とてもお勧めです。

もちろん出品する時には商品がきちんとしているかどうかの確認をする必要はありますが、大抵の場合は新品として売られている状態とほぼ同等です。

未使用品の仕入れ価格はダントツに安く、時には複数を大量に購入することができます。是非とも季節の切り替え時期やシーズン終わりの頃などリサイクルショップに出かけて行って探してみてください。値札に【未使用品】と書いているものが多いのですぐ分かります。

5-20 諦めないで！ ゴミだと思ったそのソフト、お金になりますよ

パソコンソフトなどを買うと1本に対して1ライセンスではなく、パソコン3台や5台など複数台分のライセンスが付いている、マルチユーザーライセンスの場合があります。皆様も経験あると思いますが、そのライセンスすべて使いましたか？

ほとんどの場合、すべてのライセンスを使い切ることなく残ったままでしまわれているのではないでしょうか。実はその残りのライセンス、売ることができます。

分かりやすく言うと5台分のライセンスが付いていた場合、使ったのが1ライセンスですと残り4つのライセンスを売るということです。

これは意外に気づいてない人が多いです。こういう売り方がわかっていると、ソフトを買う前に残りのライセンスがいくらで売れるのかということを考えて、それを計算に入れた上で商品を購入することができます。

その結果、自分の1ライセンス分は無料になり、さらにはお金が儲かるのです。

今の世の中、何がお金になるか分からないので是非ともいろいろ、家にあるものをメルカリで売ってみてください。

索 引

た行

な行

は行

ま行

や行

ら行

おわりに

いかがでしたでしょうか？　今の時代は本当にインフラが整って昔では考えられないようなことがたくさん起きています。

私が若い頃といえば商品を売る場所というのはヤフオクやリサイクルショップしかありませんでした。ですがいまではメルカリやラクマなどたくさんのフリマサイトもありますし、仕入先もいろいろあります。特に世の中が不況になればなるほど、中古売買の市場はより発展していくと思います。

物販はプラットフォームが変わってもなくなることはありません。ですので、メルカリを通してものを売るという経験をたくさん積んでいただきたいと思います。ものを売るという技術はお金に困ることがなく、豊かな人生を歩めるリスクの少ない方法です。

このスキルを身に付けることによりいろんなものをお金に換えることができるので、お金に振り回される人生から、自分の思いどおりにお金を得る人生へと変えることができます。

私自身ものを作ることが得意だったので、ものを売るということはとても抵抗があり苦手でした。誰かにものを売るということは、誰かの資産を奪うことだと思っていたからです。

ですが物販をどんどん極めることによりそれは間違った考えだということを知りました。

物販は感謝の対価としてその人に素晴らしい価値を提供してその対価にお金をいただきます。その結果、その人は心が豊かになり幸せな気持ちになります。

物販とはとても素晴らしい仕事だと思います。ですが中には自分さえ良ければ構わないという悲しい考えを持った人がいるのも確かです。だからこそ私はこの本を通じて多くの人に【相手が先、自分が後】という考えを知っていただきたいと思います。

ＩＴの発達により人々のつながりはより希薄になりました。知らないことは誰かを尋ねなくても調べれば出てきます。自分の身の回りで何か困ったことがあればその解決法は調べればある程度出てきます。人はインターネットの存在により人に頼ることもなく、どこかの社会に属することもなく生きていけるようになりました。

だからこそあなたには伝えたいのです。今この文字を読んでいただいているその先にもあなたと言う大切な人がいるということを。

あなたがメルカリを通して商品を販売したときにその携帯電話のアプリの先には大切な人がいるということを忘れないでください。

今の時代はものにあふれています。インターネットの普及により行列ができるお店の味と似た味を誰もが簡単にできる時代です。すべてのサービスは情報の流通によりクオリティの高いものに平均化して、昔のような差はなくなっています。

その結果、人はどの商品にお金を落とそうかと考えるのではなく、誰にお金を落とそうかと考える時代になっています。お金はインターネットが運んでくるのではなく、人が運んできてくれます。どれだけ時代が変化しても、人は人無しには生きてはいけないのです。

この本をきっかけにあなたがあなたの周りにいる人のことを人として認識してより大切に思うきっかけになれば心から嬉しく思います。

ものを売る力は生きる力です。この本を通じてあなたの生活が今以上に少しでも楽になり、あなたの周りにいる人の笑顔が一回でも多く、増えることを心から願っています。私はあなたを見ることはできませんが、本書であなたに出会えたことを本当に感謝致します。

最後までお読みいただきありがとうございました。

世界の民族衣装図鑑

■著者：文化学園服飾博物館
■価格：3,278円（本体2,980円＋税10%)
■ISBNコード：978-4-89977-496-9
■本のサイズ：B5版/フルカラー176P
■発売日：2019-06-21

世界69カ国の民族衣装を約500点の写真から ビジュアルで楽しめる！　民族衣装が語る気候風土や 民族の歴史と暮らし、その素材や技法も解説。

民族衣裳はお祭りや結婚式など、特別な機会に着るものであると思われがちですが、そうではありません。もともと気候や風土、暮らし方などによってその地域の人々の生活に適応する理にかなった形態が生じるとともに、それが時代や社会状況、さらには異民族の影響などによって変化してきたものです。民族衣装の形状や文様、素材などには、気候風土ばかりか、民族の歩んだ歴史、暮らしぶりや思想、思考などが表れておりまさに「服は口ほどにものを言う」のです。 グローバル化によってさまざまなものが画一的になる中、民族衣装は世界には多様な価値観が存在することを教えてくれます。衣服はただ人を覆うだけのものではなく、「装うこと」で何かを表したり、意味を込めたりする、それは現在の私たちも同じです。本書では文化学園服飾博物館のコレクションの中から各国の民族衣装を紹介します。

■著者プロフィール
松本 秀樹（まつもと　ひでき）
株式会社HRイノベーション代表取締役社長
物販コンサルタント、物販スクール「HIC」「YMCA」主催者
「TBGC」メイン講師

1970年尼崎生まれ　24歳から職人になり、27歳で独立、35歳で東京進出。

外での仕事のために雨の日に従業員が休まなければいけない事に悩み、従業員を使って物販の組織化を試みるが。挫折。

その後、自分のために物販を始める。物販で生きていくことに決め従業員に会社を渡し、全てを捨てて物販業界に本腰をいれる。始めて半年で月に1900万円を売り上げ、月の利益も250万円を超える。その経験を生かして、物販の講師を4年以上務め、延べ1500人以上を指導。その結果、月商1000万円プレーヤーを世に150人以上輩出。現在も自分が物販プレーヤーであることにこだわり続け、年商7000万円を超える。常に最先端の方法を研究し、多くの生徒に指導をし続けている。

超簡単！ スマホでメルカリ スタートから稼ぎまくる裏技まで

2020年10月31日　初版第1刷発行

著　者　松本秀樹
装丁・DTP　有限会社ケイズプロダクション

発行者　黒田庸夫
発行所　株式会社ラトルズ
〒115-0055　東京都北区赤羽西4丁目52番6号
ＴＥＬ　03-5901-0220（代表）　ＦＡＸ　03-5901-0221
ＵＲＬ　http://www.rutles.net

印　刷　株式会社ルナテック

ISBN978-4-89977-507-2